JÉRÉMY BALLESTER, JEAN-MARIE LANIO,
OLIVIER MAGNE MOF, THOMAS MARIE MOF

LE GRAND LIVRE DE LA VIENNOISERIE

維也納/酥皮類麵包聖經

經典・趨勢・引領風潮・MOF競賽的原創作品

大境文化

PRÉ FA• CES •••

弗蘭克・米歇爾

FRANCK MICHEL

我很榮幸能為這四位才華洋溢的作者寫序，尤其是我特別喜愛的主題：維也納／酥皮類麵包。

對於總是專注、充滿好奇心和堅持不懈的人來說，技藝的學習永無止盡。這個廣闊的領域需要經驗、技術、對每種原料的理解與掌握，而每種原料也都有各自的作用。季節、環境、器材也必須納入考量，如果要做出這裡所呈現，真正動人的作品，一切都會成為決定性的因素。

但若是不懂得運用天賦和經驗，知識也不具任何意義。若說本書的四位作者天賦和經驗兼備，則太過輕描淡寫！本書不僅由出色的專業職人們製作、參與撰寫，並加以昇華的食材說明，令人無比滿足。

在洛桑飯店管理學院（EHL）時，我就領會湯瑪斯和尚馬希的嚴謹和用心，自我要求讓他們更良好的掌控每日的製作和授課。毫無疑問，傑若米和奧利維耶對這一行的願景和能力，促進兩人的長期合作。我喜歡這個分享、交流的概念，多人一起創作，因此更能在此領域中充分發揮各自的才能。四個臭皮匠勝過一個諸葛亮！

本書中所有探討的配方，不論是經典或現代、引領潮流的單元，都將成為焦點，我深信此書將成為業界人士的重要參考。

萬分感謝，並祝賀烘焙四劍客！

FRANCK MICHEL 弗蘭克・米歇爾
MOF PÂTISSIER 2004
CHAMPION DU MONDE DE PÂTISSERIE 2006
2004年法國最佳工藝師－糕點師
2006年世界甜點冠軍

弗蘭克·德貝希耶

FRANCK DÉPÉRIERS

我從很久以前就開始烘焙了。在那個時期，專業的書籍珍貴且難尋，但時代改變，現在學習的方式很多。各大學院如雨後春筍般迅速發展，而新的溝通方式讓我們被大量資訊給淹沒(網路、社群媒體等)，我們也很容易取得大量的書籍資料。

而在此呈獻的，就是一本我肯定它將成為里程碑的書，而且將成為學徒和專業人士的明燈，適合每日瀏覽使用。這本書和作者們非常相像。

我認識奧利維耶和湯瑪斯已經有一段時間，而且看著他們成長。我記得在法國最佳工藝師(MOF)的決賽中注意到他們的作品。湯瑪斯在製作上的獨創性、成熟度和嚴謹，令我印象深刻。決賽時，奧利維耶有一些缺失，但他懂得努力糾正過來，反而讓評審驚豔。

這本書很像他們，因為他們慷慨提供教學，各自的風格交織出滿滿的喜悅，並將豐沛的幸福傳遞給有幸與他們接觸的人。

這部作品在提供無數的配方和建議的同時反映出這些特質。這本書非常獨特，因為它充滿了個人豐富多彩且喜悅的創作。而且又特別容易上手，因為已經過他們烘焙坊每日的考驗。

我不會忘記和尚馬希及傑若米一起參與這場華麗的冒險，我過去對他們並不是那麼熟悉，但我知道他們在這本著作的製作上扮演著重要且不可或缺的角色。本書很快就會在烘焙業佔有一席之地，而且成為專業人士不容錯過的參考書。祝賀成功。

FRANCK DÉPÉRIERS 弗蘭克·德貝希耶
ARTISAN BOULANGER,
MEILLEUR OUVRIER DE FRANCE
麵包大師、法國最佳工藝師

AVA NT· PRO POS

米歇爾・胡夏

MICHEL ROCHAT

維也納／酥皮類麵包…有著華爾滋的輕盈、維也納的美，漫舞在殷殷期盼的消費者眼中，以及烘焙坊的金色光芒之間，令人難以抗拒，尤其是在瀏覽湯瑪斯・馬希（MOF法國最佳工藝師）、尚馬希・拉尼奧、奧利維耶・瑪涅（MOF法國最佳工藝師）和傑若米・巴斯戴等人出色的作品之後。

視覺上的享受，再加上齒間酥脆的口感，建構出美味國度之旅。

維也納／酥皮類麵包…我永遠不會忘記祖父給我的建議。他說在享用前，務必先將「pâtisserie」撕開，閉上眼聞聞看，從容不迫地感受並想像每種食材將帶來何種風味與美景，然後再開始品嚐之旅。

作者們成功地將我們帶入極度美味的境界，我邀請大家一同前往，來探索這個既甜美又有個性的世界，希望你們在每一頁中都能因為發現新領域而獲得樂趣。

維也納／酥皮類麵包就是這麼無與倫比！

祝大家旅途愉快！

MICHEL ROCHAT 米歇爾・胡夏
CEO EHL GROUP
洛桑飯店管理學院集團執行長

傑若米・巴斯戴

JÉRÉMY BALLESTER

傑若米自小便身處烘焙的大家庭。因此到了15歲，他很自然地進入里昂的法國工匠協會（Compagnons du Devoir）學習烘焙的精湛技藝。他遇到卓越的老師，慷慨地傳授他們的熱情。他的堅持和對自我的要求，讓他致力於嚴謹地學好這門技藝。

17歲時，他取得了CAP（Certificat d'Aptitudes Professionnelles 職業能力證書），就這樣展開了環法之旅。巴黎和布魯塞爾豐富了他的閱歷，滿足了他旺盛的求知慾，為了活出他對烘焙的熱忱，花費些時間並不算什麼。

他對冒險的喜好，以及對烘焙的好奇心超越國界；他離開了環法的道路，前往其他的烘焙國度進行探索。在挪威奧斯陸（Oslo）待過幾年後，他先後至紐西蘭、杜拜，接著是英格蘭繼續他的啟蒙之旅。基於他豐富多元的經驗，在2012年回到奧斯陸擔任負責人的職位。

他出色地結合了二種熱情：旅行和麵包。他再次回到首爾，只是這回是以教師的身分加入SPC廚藝學院。他在那裡創建了法國麵包培訓計畫，以嚴謹和極度慷慨的方式傳遞他的熱忱。他對知識的渴求促使他至INBP烘焙學院學習，以便在2017年考取BP（職業證書）和BM（專業糕點師證書）。

與尚馬希・拉尼奧相遇，也為他的求學經歷帶來深刻影響：這兩人的搭配非常完美。這段友誼的開花結果也促使他們2020年在韓國共同合作二本麵包相關著作。

尚馬希・拉尼奧

JEAN-MARIE LANIO

尚馬希在高中假期時發現了菲利普・拉諾（Philippe Lanoë）的烘焙坊，鄰近他位於大西洋岸羅亞爾（Loire-Atlantique）塞韋拉克（Sévérac）的家。他想好好利用夏天，但隨著開學日即將到來，他滿腦子都是麵包，麵包就是他全部的計畫。在取得中學畢業文憑後，他的父母和老師才終於允許他開始學藝。

在考取 CAP、BEP（職業研習證書）和 BP（職業證書）之後，他在4年間成為南特地區的烘焙主廚。閱歷豐富且渴望學習，因此加入了盧昂（Rouen）的 INBP烘焙學院，以準備 BM（專業糕點師證書）。文憑入手後，他加入了烘焙教師的行列。

3年間，他陪同並嚴格訓練年輕的法國和國外學生，準備 CAP麵包師的考試，也訓練專業麵包師取得 BM麵包師的資格，他將對美味麵包的愛毫無保留的傳授給他們。

2012年末，在湯瑪斯・馬希的邀請下，他加入了位於洛桑的知名飯店管理學院 EHL 3年。他懷著對麵包的熱情，和湯瑪斯一起教授並發展他的烘焙技能。而《Grand Livre de la boulangerie》的出版，為瑞士的美麗冒險旅程畫下句點。

2015年，他在亞洲獲得新的體驗：他移居首爾，負責 SPC廚藝學院在首爾推出的 INBP大師課程，對韓國學生進行法國麵包的教學非常有趣。

他也在那裡遇見了傑若米・巴斯戴，兩人展開密切且高效率的合作。對麵包的共同熱情讓他們在2020年共同撰寫了二本著作，主題是廣受韓國人歡迎的麵包產品：可頌和法式長棍麵包。

2015年至2018年，他進入法國最佳工藝師競賽的決賽，豐富的閱歷讓他能夠拓展這門技術的特定面向，並在維也納／酥皮類麵包領域發揮他的創意。

奧利維耶·瑪涅

OLIVIER MAGNE

奧利維耶·瑪涅是康塔爾(Cantal)本地人，在他母親位於波爾米納克(Polminhac)的咖啡餐酒館－ Le Berganty長大。

自青少年時期開始，奧利維耶就很喜歡和外公外婆見面，他們在聖朱利安德喬丹(Saint-Julien-de-Jordanne)經營烘焙坊、熟食店、食品雜貨店和咖啡館，他從延續家族傳統中，萌生出對美味麵包的真正熱情與渴望。

17歲，他在歐里亞克(Aurillac)的IFPP專業培訓機構取得了CAP麵包師的證書，接著接管了家族事業。2000年，取得由歐里亞克的法國麵包糕點學院頒發的BM證書。5年間，他在EFBPA和家族企業之間奔忙著，無數的實習經驗和極大的毅力讓他入圍了2004和2007年的MOF法國最佳工藝師競賽。2009年是關鍵的一年，奧利維耶遇見了薇吉妮(Virginie)並共組家庭，她鼓勵奧利維耶準備比賽。奧利維耶於是把握住加入盧昂INBP烘焙學院的機會，並以沉重的心情，毅然決然地結束家族企業，全心擔任巡迴講師的職務。他也在鼓勵的力量驅使下，參加了2015年的法國最佳工藝師競賽，長時間的準備讓他獲得了這一行最負盛名的頭銜：MOF法國最佳工藝師。

他就是在某次的培訓中遇見了弗洛里安·阿古(Florian Argoud)。2016年，他們決定一起在巴黎11區開設麵包店，後來2017年更在第9區開了第二家分店，招牌名為「Farine et O(麵粉與奧)」。弗洛里安和奧利維耶一開始就處得很好，受到同樣的價值觀所驅策，而且在能力上互補。從那時開始，奧利維耶成立了他的烘焙諮詢公司，並因此周遊世界各地。

2020年，奧利維耶和他「Farine et O」的團隊，在巴黎拿下了最美味法國傳統長棍麵包的第3名。在合作出版了《Ils vont aimer》(INBP)一書後，奧利維耶非常開心能與他的同僚一同製作撰寫本書。

湯瑪斯・馬希

THOMAS MARIE

湯瑪斯在極年輕時就一頭栽進揉麵缸中，從他的父母買下位於沃蘇勒（Vesoul）的麵包店後，年輕的湯瑪斯很快就感覺到，自己會成為一位麵包師。

當他以優等的成績取得管理學士後，加入盧昂的INBP烘焙學院，準備應試並接連的考取CAP、BEP、BP、BM和CAP的糕點師證書。在南錫（Nancy）的二間麵包店磨練技術後，他回到家族企業的麵包店工作，並在衡量自身的耐力、嚴謹度和組織能力等情況下，自由發揮他的創意。他同時也參與許多競賽，並贏得多個著名獎項：Coupe de France de la boulangerie法國麵包師大賽（2005年麵包類）、Europe en équipe歐洲團體亞軍（2006年）。他在此時以巡迴講師的身分加入了INBP，一路上傳遞他的知識，同時也大量學習。

24歲時，為了不斷自我提升，他報名了著名的MOF法國最佳工藝師競賽，在二年的時間裡，將他所有的空暇時間都投入在準備中。在2007年26歲時一口氣取得藍、白、紅領的榮耀。

在海外休息了一年後，他回到INBP再度擔任巡迴講師的職務。2013年，他獲得美好的新機會：洛桑著名的飯店管理學院正在尋找一位具法國最佳工藝師頭銜的烘焙講師，以便在機構內建立烘焙中心，這是個令人興奮的重大挑戰。因此，他離開了INBP，前往瑞士述職。

2017年，他的人生道路與瑞士沃州的洛洪・布里（Laurent Buri）交錯，帶來了新的轉折。這二人對美食有共同的熱情和同樣的嚴苛。於是他們攜手合作，打造希望讓麵包重返榮耀的理念。因此，2018年6月，他們的第一間店「BREADSTORE」在洛桑誕生，接著很快的在葳葦（Vevey）開了第二間分店，最後在洛桑的另一區開了第三間，供應法國與瑞士的特色產品。

湯瑪斯和塞巴斯蒂安・奧德（Sébastien Odet）共同撰寫了《60 succès de Boulangerie-Pâtisserie》（INBP），並與尚馬希・拉尼奧及帕特斯・米泰利（Patrice Mitaillé）合作完成《Grand Livre de la Boulangerie》。

親愛的讀者

CHERS LECTEURS,

在以《Le Grand Livre de la Boulangerie》帶你們探索上百道不容錯過的麵包配方後，我們希望以這本書向你們介紹美味且龐大的維也納／酥皮類麵包系列產品。它們的起源、製作程序，或組成的原料之多變，將會令你們感到驚豔。

本書的配方提供關於水分、揉捏、發酵、靜置與烘焙時間、溫度等指導。

但如我們所知，這個行業並非精準的科學，但除此之外，它是非常豐富有趣的。因此你當然必須依據自己的原料、設備和地理位置來調整配方中的指示。

我們的維也納／酥皮類麵包最常使用的是T55麵粉（farine ordinaire T55），如果你的成品缺乏彈性，無須猶豫，請加入部分的上等麵粉（farine de gruau）。同樣的成品可採用不同的pré-fermentations預發酵法－levain發酵種或Pâte fermentée發酵麵團），我們會提出最重點的建議。

最後我們要祝你閱讀順利，而且能夠成功製作出這些經典和獨特的配方，而這些配方反映出我們對這門技藝的愛。也希望你能從閱讀這本書的過程中得到樂趣，就像我們製作撰寫的過程一樣。

JEAN-MARIE LANIO, THOMAS MARIE,
OLIVIER MAGNE & JÉRÉMY BALLESTER
尚馬希·拉尼奧、湯瑪斯·馬希、
奧利維耶·瑪涅和傑若米·巴斯戴

如何使用本書

COMMENT UTILI8ER CE LIVRE

標示的烘烤時間指的就是維也納／酥皮類麵包最終的烘烤時間。
配料所需的加熱或烘烤時間不包括在內。

以下說明提供關於難易度，以及實際製作所需的處理時間等指示：
- 難度：●●○○○
  1：簡單／5：複雜
- 全部準備時間：●●●○○
  1：準備時間快速，備料方式簡單／
  5：準備時間極長，多種備料方式

關於本著作中介紹的所有雙色維也納／酥皮類麵包，用來製作有色麵團的麵團，並非從原味麵團中提取，而是另外製作使用。

書中70、94、98和112頁製作的鏡面和糖霜份量多於所需量，以利鏡面的製作。

麵包烘烤前為了表面光澤所刷塗的蛋液，未列在材料表內。

亦可在2017年的《Le Grand Livre de la Boulangerie》276頁找到其他經典的維也納／酥皮類麵包。

BEURRAGE Et TOURAGES
奶油層與折疊

GRANDS CLASSIQUES
偉大的經典作品

VIENNOISERIES DU MONDE
維也納麵包世界巡禮

VIENNOISERIES TENDANCE
風靡世界的維也納麵包

VIENNOISERIES DE PRESTIGE
引領風潮的維也納麵包

FEUILLETAGES Et DÉCLINAISONS
折疊法與變化

RECETTES DE BASE
基礎配方

ANNEXES
附錄

B E U

R R A

● G E

Et ● ●

TOURAGE&

奶油層與折疊

折疊奶油的準備

PRÉPARATION DU BEURRE DE TOURAGE

在此階段，如右頁圖示，用擀麵棍或壓麵機將折疊奶油擀至適合折疊的形狀和質地。
所需的奶油大小應符合麵團的寬度和一半的長度。
很重要的是，奶油的軟硬度應幾乎等同於從冷藏中取出的麵團，以利進行良好的折疊。
通常理想的溫度介於12和16°C之間，但也依據使用的奶油而定。因此建議提前準備奶油，而且可以的話，請以適當的溫度冷藏保存。

1
2
3
4
5
6
7
8
9
10

奶油層

BEURRAGE

製作奶油層的步驟包括為麵皮和奶油進行第 1 次的折疊。很重要的是確保麵皮和奶油非常均勻地交疊（1）。在製作奶油層的步驟時，麵皮和奶油都不應超出彼此的大小（2、3），否則折疊可能會不夠整齊。

麵團閉合邊的切割（4、5）可用來降低麵皮兩側的彈性，以利進行麵皮擀開延展的步驟（6、7、8）。

1
2
3
4
5
6
7
8

折疊
TOURAGES

折疊階段是製作千層發酵麵團（pâte levée feuilletée）的關鍵步驟。訣竅是要逐步擀平，以擀出細緻的奶油層和麵皮層。

有四種折疊技法，可形成9至27層的奶油層。

特定折疊法的選擇和千層發酵麵團最終的厚度，以及想要達到的成品酥脆度具有直接的關聯。

以極少奶油層折疊出的厚麵皮，會導致奶油在烘烤時溢出，形成過乾的酥皮麵包。

相反地，以大量奶油層折疊出的薄麵皮，會導致大量麵皮層和奶油層被壓碎，形成薄而乏味的酥皮。

一般而言，通常會接連進行不同的折疊，每次折疊之間不進行鬆弛，除非是3個單折的折疊，會建議在第2次和第3次的單折之間至少鬆弛30分鐘。

為了製作單折，麵皮的長度必須約為寬度的3至3.5倍。

若要製作雙折，麵皮的長度必須約為寬度的4至4.5倍。

2個單折

這種折疊法可形成9層的奶油層。擀折力道輕，此種折疊法建議用於最終厚度2至3公釐的薄麵皮，例如迷你酥皮。

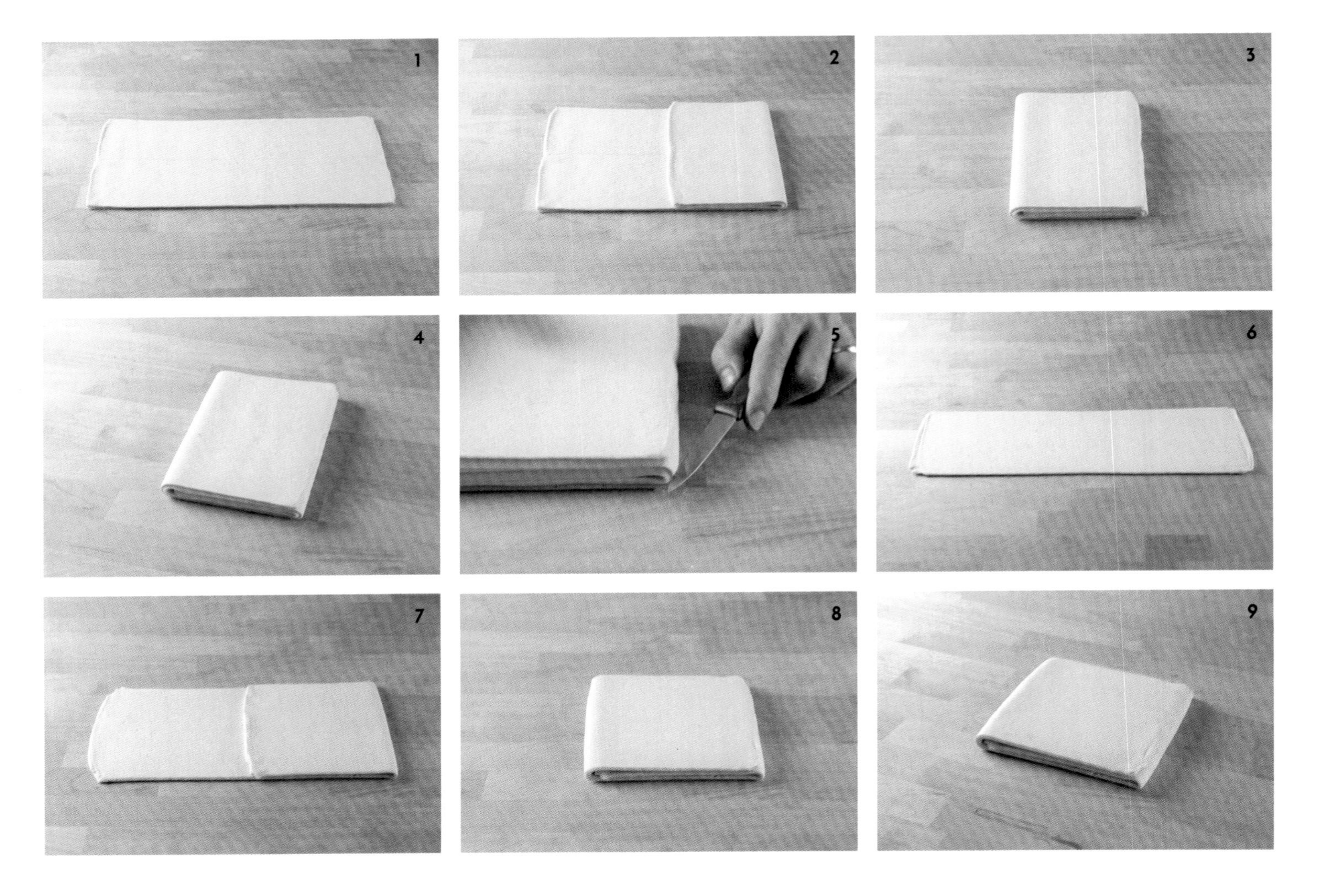
1
2
3
4
5
6
7
8
9

1個單折和1個雙折

這種折疊法可形成12層的奶油層。

擀折力道適中。

這種折疊法建議用於最終厚度3至3.5公釐的麵皮。

這是很常見的萬用折疊法。

2個雙折

這種折疊法可形成16層的奶油層。擀折施力適中，此種折疊法建議用於最終厚度3.5至4.5公釐的麵皮。例如巧克力麵包（pains au chocolat）和庫克（couques）。

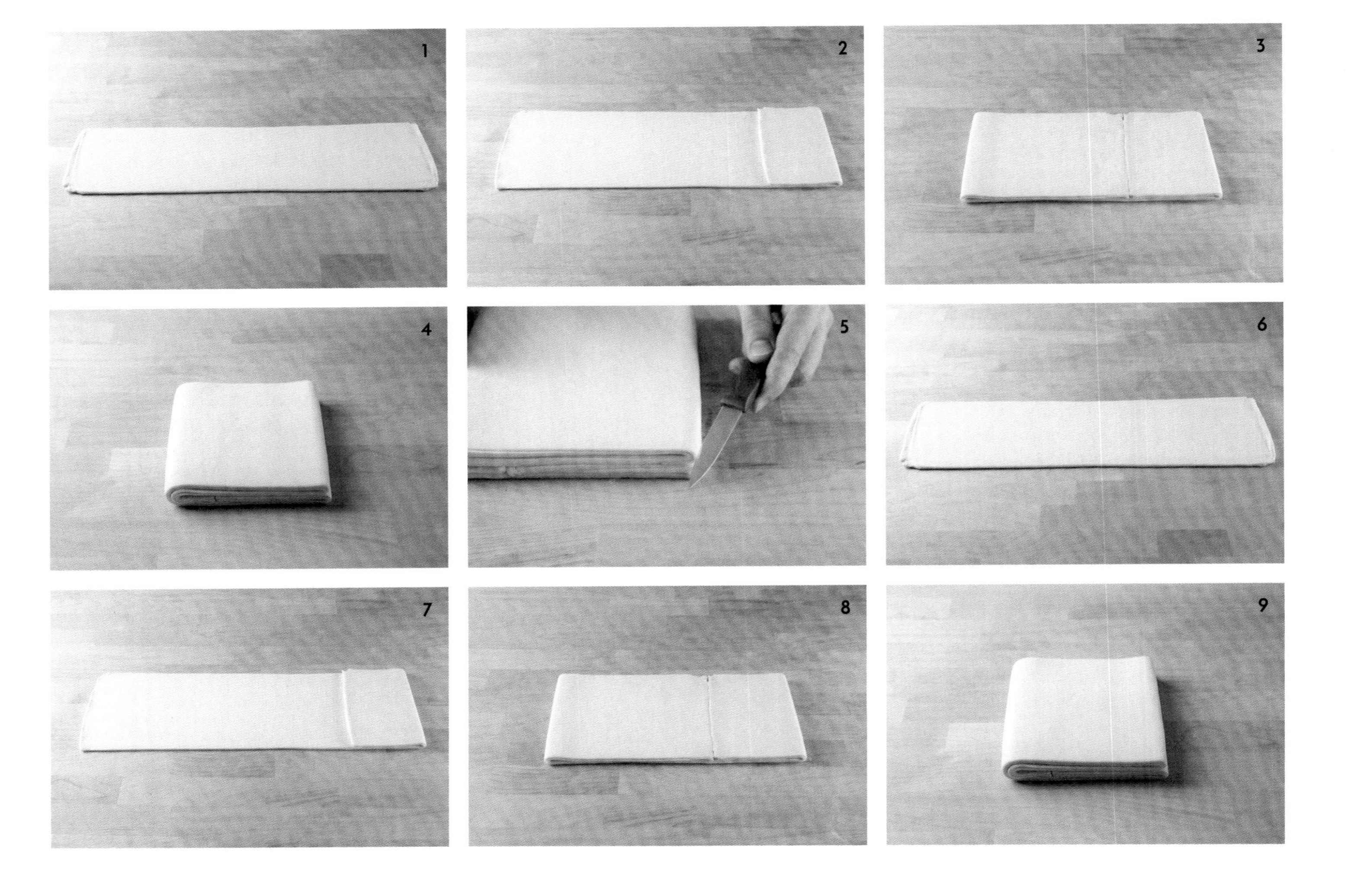

3個單折

這種折疊法可形成27層的奶油層。擀折施力的力道要大，此種折疊法建議可用於想做出極酥脆的成品，或是混入較大量的折疊奶油時。

2 TOURS SIMPLES
2個單折

1 TOUR SIMPLE ET 1 TOUR DOUBLE
1個單折和1個雙折

2 TOURS DOUBLES
2個雙折

3 TOURS SIMPLES
3個單折

GRA
NDS

CLASSIQUE..S

偉大的經典作品

波斯托克
BOSTOCK

10個

難度 ●○○○○ - 全部準備時間 ●○○○○ - 烘烤時間 12 分鐘

準備材料

前一天的穆斯林奶油布里歐（Brioches mousseline）	2個
杏仁奶油醬（Crème d'amande，*見266頁*）	300克

SIROP AU RHUM 蘭姆糖漿

水	50克
砂糖	50克
蘭姆酒	5克

Finition 最後修飾

杏仁片	適量
糖粉	適量

SIROP AU RHUM 蘭姆糖漿

在平底深鍋中混合水、糖和蘭姆酒。
煮沸，接著保存在3°C。

MÉTHODE DE TRAVAIL 製作程序

Détaillage 裁切 用鋸齒刀將圓柱形穆斯林奶油布里歐，橫剖成2.5公分厚共10片。

Garnissage 填料 為其中一面刷上少量蘭姆糖漿。
用裝有8號圓口花嘴的擠花袋，在布里歐麵包片上擠出30克的杏仁奶油醬，鋪上極大量的杏仁片，擺在鋪有烤盤紙的烤盤上。

Cuisson 烘烤 以160°C的旋風烤箱，或以190°C的層爐烤箱（four à sole）烤約12分鐘。

Ressuage 冷卻 放在網架上。

Finition 最後修飾 為波斯托克篩上糖粉。

僧侶布里歐

BRIOCHE À TÊTE

45個

難度 ●●○○○ - 全部準備時間 ●●○○○ - 烘烤時間 **14**分鐘

攪拌材料 PÂTE À BRIOCHE 布里歐麵團	
T55麵粉	1000克
蛋	630克
鹽	18克
砂糖	150克
酵母	30克
維也納發酵麵團 *(見268頁)*	200克

FIN DE PÉTRISSAGE 攪拌的最後	
奶油	500克

MÉTHODE DE TRAVAIL 製作程序

Température de base 室溫+粉溫	48°C至52°C。
Incorporation 加入原料	將所有攪拌材料放入電動攪拌機的攪拌缸中。
Frasage 初步混合	速度1，約5分鐘。
Pétrissage 攪拌	速度2，約5分鐘。
Incorporation 加入原料	以速度1加入奶油，攪拌至形成平滑麵團。
Consistance 質地	軟硬適中的麵團。
Température 溫度	麵團溫度為23°C。
Pointage 基本發酵	約30分鐘，接著在3°C下靜置12小時。
Rabat 翻麵	力道輕，基本發酵30分鐘後。
Pesage 秤重	分割為每個55克的麵團。
Mise en forme 初步整形	滾圓。
Détente 鬆弛	3°C，約2小時。
Façonnage 整形	將麵團揉成圓柱狀。將每個圓柱切開成大小2部分，以便將每個僧侶布里歐的身體與頭分開。 將身體部分的麵團滾圓擺在預先刷上油的僧侶布里歐模型中，接著在中央挖洞，形成小圓環狀，將頭部麵團滾圓擺在中央。
Apprêt 最後發酵	27°C，約2小時。
Dorage 表面光澤	刷上蛋液。
Cuisson 烘烤	以145°C的旋風烤箱，或以180°C的層爐烤箱（four à sole）烤約14分鐘，直接擺在底板上。
Ressuage 冷卻散熱	放在網架上。

可頌
CROISSANT

30個

難度 ●●○○○ - 全部準備時間 ●●○○○ - 烘烤時間 **16** 分鐘

PÂTE LEVÉE FEUILLETÉE 千層發酵麵團

T55麵粉	**1000**克
水	**420**克
蛋	**50**克
鹽	**18**克
砂糖	**130**克
酵母（Levure）	**40**克
維也納發酵麵團*（見268頁）*	**200**克
奶油	**100**克

TOURAGE 折疊

折疊用奶油（Beurre de tourage，*見18頁*）	**500**克

	MÉTHODE DE TRAVAIL 製作程序
Température de base 室溫＋粉溫	46°C至50°C
Incorporation 加入原料	將所有攪拌材料放入電動攪拌機的攪拌缸中。
Frasage 初步混合	速度1，約3分鐘。
Pétrissage 攪拌	速度1，約8分鐘，接著調整速度為2，2分鐘。
Consistance 質地	軟硬適中的麵團。
Température 溫度	麵團溫度為23°C。
Pesage 秤重	分割為每份麵團1950克。
Mise en forme 初步整形	滾圓。
Pointage 基本發酵	約40分鐘。
Rabat 翻麵	基本發酵後20分鐘。
Mise en forme 初步整形	整形成橢圓形。
Pointage 中間發酵	冷凍約30分鐘，接著以1°C靜置12小時。
Tourage 折疊	為麵團排氣。在麵團中夾入折疊用奶油，接著進行1次單折和1次雙折 *(見24頁)*。
Détente 鬆弛	1°C，約45分鐘。
Détaillage 裁切	用壓麵機將麵團壓至3.5公釐的厚度。裁成30個9×25公分的等腰三角形（**1**），在每片等腰三角形麵皮底部劃出切口（**2**）。
Façonnage 整形	捲成可頌（步驟**3**至**7**）狀，擺在鋪有烤盤紙的烤盤上。
Dorage 表面光澤	刷上蛋液（**8**）。
Apprêt 最後發酵	27°C，約2小時。
Dorage 表面光澤	刷上蛋液。
Cuisson 烘烤	以170°C的旋風烤箱，或以200°C的層爐烤箱烤約16分鐘。
Ressuage 冷卻散熱	放在網架上。

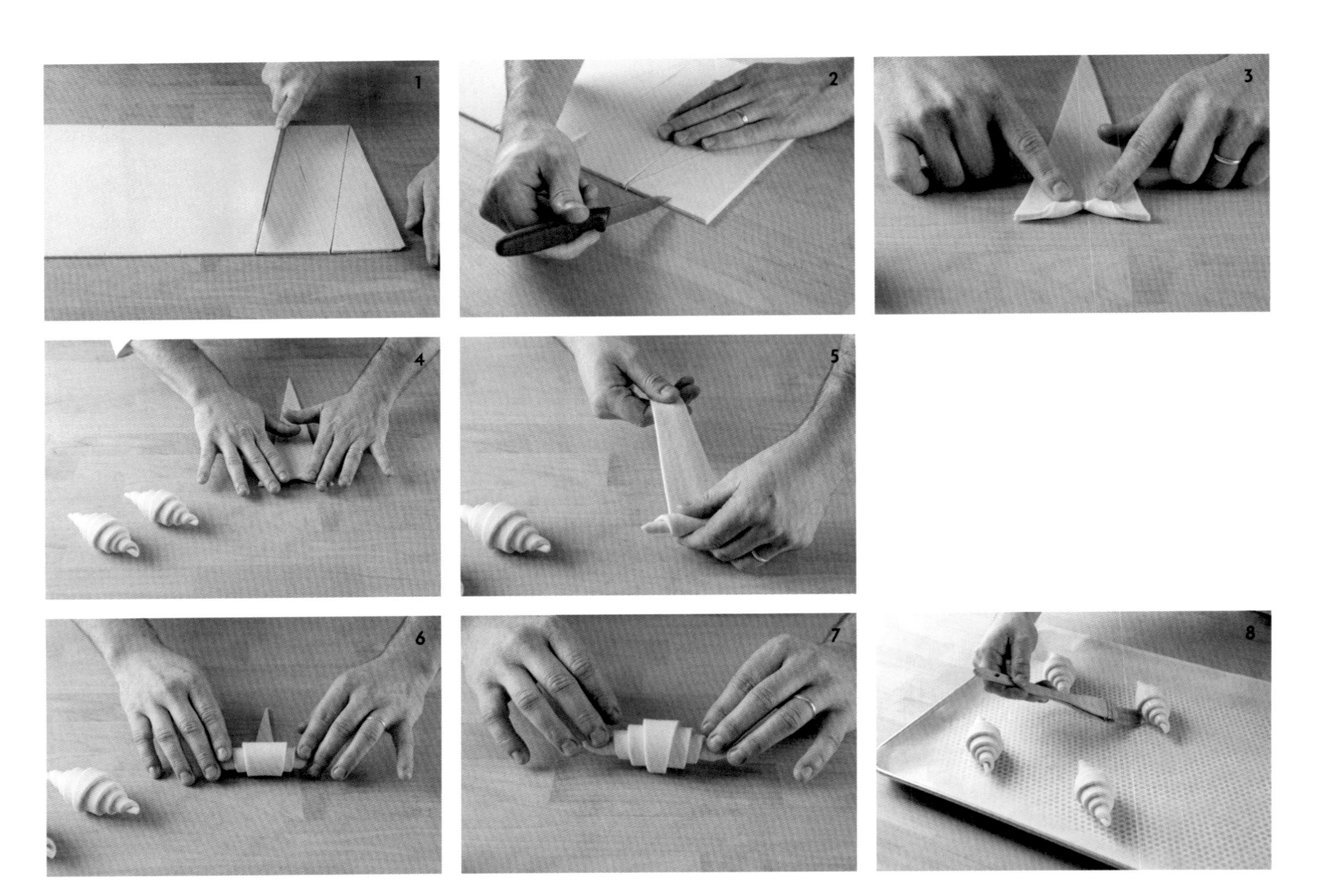
1
2
3
4
5
6
7
8

火腿可頌

CROISSANT AU JAMBON

30個

難度 ●●●○○ - 全部準備時間 ●●●○○ - 烘烤時間 **20**分鐘

攪拌材料
PÂTE À CROISSANT
可頌麵團

T55 麵粉	1000克
水	250克
牛乳	250克
鹽	18克
砂糖	80克
酵母	40克
奶油	70克
維也納發酵麵團 *(見 268 頁)*	200克

TOURAGE 折疊

折疊用奶油（Beurre de tourage，*見 18 頁*）	500克

GARNITURE 配料

18克的火腿條	30條
傳統芥末醬（Moutarde à l'ancienne）	270克

FINITION 最後修飾

格律耶爾乳酪絲（Gruyère râpé）	240克

MÉTHODE DE TRAVAIL 製作程序

Température de base 室溫＋粉溫	46°C至50°C
Incorporation 加入原料	將所有攪拌材料放入電動攪拌機的攪拌缸中。
Frasage 初步混合	速度1，約3分鐘。
Pétrissage 攪拌	速度1，約8分鐘，接著調整速度為2，2分鐘
Consistance 質地	軟硬適中的麵團。
Température 溫度	麵團溫度為23°C。
Pesage 秤重	分割為每個麵團1910克。
Mise en forme 初步整形	滾圓。
Pointage 基本發酵	約30分鐘。
Rabat 翻麵	基本發酵後15分鐘
Mise en forme 初步整形	整形成橢圓形。
Pointage 中間發酵	冷凍約30分鐘，接著以1°C靜置12小時
Tourage 折疊	為麵團排氣。在麵團中夾入折疊用奶油，進行1次單折和1次雙折 *(見 24 頁)*。
Détente 鬆弛	1°C，約45分鐘。
Détaillage 裁切	用壓麵機將麵團壓至3.5公釐的厚度，裁成30個9×25公分的等腰三角形。擠上1條傳統芥末醬並放上1條火腿。
Façonnage 整形	捲成可頌 *(見 37 頁)* 狀，擺在鋪有烤盤紙的烤盤上。
Dorage 表面光澤	刷上蛋液。
Apprêt 最後發酵	27°C，約2小時。
Dorage 表面光澤	刷上蛋液。
Finition 最後修飾	撒上少許格律耶爾乳酪絲。
Cuisson 烘烤	以180°C的旋風烤箱，或以210°C的層爐烤箱烤約20分鐘。
Ressuage 冷卻散熱	放在網架上。

杏仁可頌
CROISSANT AUX AMANDES

15個

難度 ●○○○○ - 全部準備時間 ●○○○○ - 烘烤時間 25 分鐘

準備材料

前一天製作的可頌成品 *(見 34 頁)*	15 個
杏仁奶油醬 *(見 266 頁)*	1050 克

SIROP AU RHUM 蘭姆糖漿

水	50 克
砂糖	50 克
蘭姆酒	5 克

FINITION 最後修飾

杏仁片	適量
糖粉	適量

SIROP AU RHUM 蘭姆糖漿

在平底深鍋中混合水、糖和蘭姆酒。煮沸。保存在 3°C。

MÉTHODE DE TRAVAIL 製作程序

Détaillage 裁切 可頌橫剖開成二片。

Garnissage 填料 為剖面刷上大量的蘭姆糖漿。以裝有扁鋸齒花嘴(douille à chemin de fer)的擠花袋在底部的可頌剖面擠上 40 克的杏仁奶油醬，接著蓋上上方可頌密合。
在可頌表面抹上 30 克的杏仁奶油醬，鋪上杏仁片，擺在鋪有烤盤紙的烤盤上。

Cuisson 烘烤 以 160°C的旋風烤箱，或以 190°C的層爐烤箱烤約 25 分鐘。

Ressuage 冷卻散熱 放在網架上。

Finition 最後修飾 篩上糖粉。

雙色可頌 出自大衛・貝杜

CROISSANT BICOLORE SELON DAVID BEDU

2010年由來自桑塞爾（Sancerre）並居住在義大利佛羅倫斯（Florence）的法國麵包師大衛・貝杜所發明，這雙色可頌隨著時間的過去，已成為真正經典的法國維也納麵包。在最初的創作中，有不填餡和填入占度亞榛果巧克力奶油醬2種版本。10年前創新的雙色可頌已為許多麵包師帶來啟發，今日也在世界各地隨處可見。

30個

難度 ●●●○○ - 全部準備時間 ●●●○○ - 烘烤時間 16分鐘

PÂTE LEVÉE FEUILLETÉE NATURE 原味千層發酵麵團

可頌麵團 *(見34頁)*	1700克
折疊用奶油 *(見18頁)*	500克

PÂTE À CROISSANT CACAO 巧克力可頌麵團

可頌麵團 *(見34頁)*	240克
可可粉	24克
牛乳	24克
奶油	12克

GARNITURE 配料（可省略）

6×1.5公分的巧克力棒 *(見266頁)*	32根

FINITION 最後修飾

透明糖漿 *(見267頁)*	適量

PÂTE À CROISSANT CACAO 巧克力可頌麵團

在裝有攪拌槳的電動攪拌機中，以速度1攪拌所有巧克力可頌麵團的材料，直到形成均勻的麵團。
基本發酵約40分鐘，接著以1°C靜置12小時。

MÉTHODE DE TRAVAIL 製作程序

Tourage 折疊 為麵團排氣。在1700克的麵團中夾入折疊用奶油，進行1次單折和1次雙折 *(見24頁)*。
以毛刷蘸水濕潤麵團表面，接著擺上預先擀至折疊麵團相同大小的巧克力可頌麵團。

Détente 鬆弛 1°C，約45分鐘。

Détaillage 裁切 用壓麵機將麵團壓至3.5公釐的厚度，裁成30個9×25公分的等腰三角形。

Façonnage 整形 加上1根巧克力棒（可省略），捲成可頌 *(見37頁)* 狀，擺在鋪有烤盤紙的烤盤上。

Dorage 表面光澤 刷上蛋液。

Apprêt 最後發酵 27°C，約2小時。

Dorage 表面光澤 刷上蛋液。

Cuisson 烘烤 以170°C的旋風烤箱，或以200°C的層爐烤箱烤約16分鐘。

Finition 最後修飾 刷上透明糖漿。

Ressuage 冷卻散熱 放在網架上。

杏桃可頌

ORANAIS

32個

難度 ●●●○○ - 全部準備時間 ●●●○○ - 烘烤時間 18 分鐘

PÂTE LEVÉE FEUILLETÉE 千層發酵麵團

可頌麵團 *(見 34 頁)*	1950 克
折疊用奶油 *(見 18 頁)*	500 克

GARNITURE 配料

卡士達醬 *(見 266 頁)*	640 克
糖漬杏桃（Abricots au sirop）	64 塊

FINITION 最後修飾

無味透明鏡面果膠（Nappage neutre）	適量
糖粉	適量

OREILLONS D'ABRICOTS 糖漬杏桃

將糖漬杏桃瀝乾，接著放在網架上。以 100°C的旋風烤箱烘乾約 15 分鐘，氣門打開。

Tourage 折疊 為麵團排氣。在麵團中夾入折疊用奶油，進行 1 次單折，接著是 1 次雙折 *(見 24 頁)*。

Détente 鬆弛 1°C，約 45 分鐘。

Détaillage 裁切 用壓麵機將麵團壓至 3.5 公釐的厚度，形成 44 × 88 公分的長方形。切成 32 個邊長 11 公分的正方形。

Façonnage 整形 用擀麵棍將正方形的其中一角稍微擀平，接著刷上水濕潤，以利密合。

用擠花袋在中央以對角線擠出 1 條 20 克的卡士達醬，接著在卡士達醬的二側分別擺上 1 塊杏桃。

將沒有杏桃的 2 個角向內折，最後蓋上擀平且濕潤的一角。擺在鋪有烤盤紙的烤盤上。

Dorage 表面光澤 刷上蛋液。

Apprêt 最後發酵 27°C，約 2 小時。

Dorage 表面光澤 刷上蛋液。

Cuisson 烘烤 以 170°C的旋風烤箱，或以 200°C的層爐烤箱烤約 18 分鐘。

Ressuage 冷卻散熱 放在網架上。

Finition 最後修飾 篩上糖粉，並為杏桃刷上鏡面果膠。

巧克力麵包

PAIN AU CHOCOLAT

30個

難度 ●●○○○ - 全部準備時間 ●●○○○ - 烘烤時間 **16** 分鐘

攪拌材料
PÂTE LEVÉE FEUILLETÉE
千層發酵麵團

T55 麵粉	**1000** 克
水	**420** 克
蛋	**50** 克
鹽	**18** 克
砂糖	**130** 克
酵母	**40** 克
維也納發酵麵團 *(見 268 頁)*	**200** 克
奶油	**100** 克

TOURAGE 折疊

折疊用奶油 *(見 18 頁)*	**500** 克

GARNITURE 配料

巧克力棒(**5** 克)	**60** 根

	MÉTHODE DE TRAVAIL 製作程序
Température de base 室溫＋粉溫	46℃至50℃。
Incorporation 加入原料	將所有攪拌材料放入電動攪拌機的攪拌缸中。
Frasage 初步混合	速度1，約3分鐘。
Pétrissage 攪拌	速度1，約8分鐘，接著調整速度為2，2分鐘。
Consistance 質地	軟硬適中的麵團。
Température 溫度	麵團溫度為23℃溫度。
Pesage 秤重	分割為每個麵團1950克。
Mise en forme 初步整形	滾圓。
Pointage 基本發酵	約40分鐘。
Rabat 翻麵	基本發酵後20分鐘
Mise en forme 初步整形	整形成橢圓形。
Pointage 中間發酵	冷凍約30分鐘，接著以1℃靜置12小時
Tourage 折疊	為麵團排氣。在麵團中夾入折疊用奶油，進行2次雙折*(見25頁)*。
Détente 鬆弛	1℃，約45分鐘。
Détaillage 裁切	用壓麵機將麵團壓至3.5公釐的厚度，裁成30個8.5×15公分的長方形(**1**)。
Façonnage 整形	分2次將麵團捲起，每捲一圈放入1根巧克力棒(**2**、**3**、**4**、**5**)，擺在鋪有烤盤紙的烤盤上。
Dorage 表面光澤	刷上蛋液(**6**)。
Apprêt 最後發酵	27℃，約2小時。
Dorage 表面光澤	刷上蛋液。
Cuisson 烘烤	以170℃的旋風烤箱，或以200℃的層爐烤箱烤約16分鐘。
Ressuage 冷卻散熱	放在網架上。

1

2

3

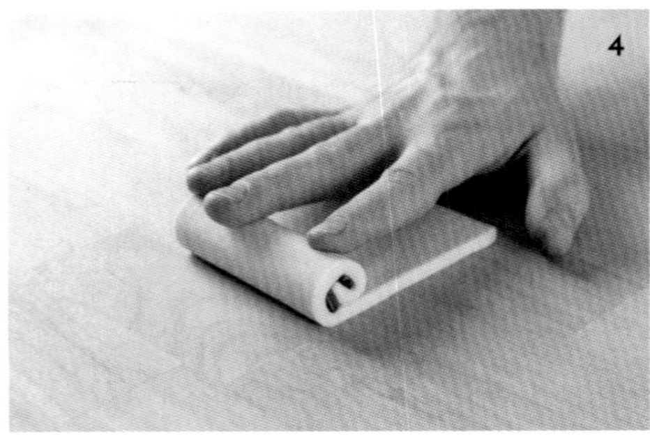
4

5

6

牛奶麵包
PAIN AU LAIT

30個

難度 ●●○○○ - 全部準備時間 ●●○○○ - 烘烤時間 **15** 分鐘

攪拌材料

PÂTE À PAIN AU LAIT 牛奶麵包麵團

T55麵粉	**1000**克
牛乳	**660**克
鹽	**18**克
砂糖	**120**克
酵母	**30**克
維也納發酵麵團*(見268頁)*	**200**克
奶油	**125**克

MÉTHODE DE TRAVAIL 製作程序

Température de base 室溫+粉溫	46℃至50℃。
Incorporation 加入原料	將所有攪拌材料放入電動攪拌機的攪拌缸中。
Frasage 初步混合	速度1，約5分鐘。
Pétrissage 攪拌	速度2，約8分鐘。
Consistance 質地	軟硬適中的麵團。
Température 溫度	麵團溫度為23℃。
Pointage 基本發酵	約30分鐘。
Pesage 秤重	分割為70克的麵團。
Mise en forme 初步整形	滾圓。
Détente 鬆弛	3℃，約12小時。
Façonnage 整形	梭形。擺在鋪有烤盤紙的烤盤上。
Dorage 表面光澤	刷上蛋液。
Apprêt 最後發酵	27℃，約1小時15分鐘。
Dorage 表面光澤	刷上蛋液。
Lamage 劃切割紋	用剪刀剪出立角。
Cuisson 烘烤	以160℃的旋風烤箱，或以190℃的層爐烤箱(four à sole)烤約15分鐘。
Ressuage 冷卻散熱	放在網架上。

葡萄乾麵包
PAIN AUX RAISINS

32個

難度 ●●●○○ - 全部準備時間 ●●●○○ - 烘烤時間 18 分鐘

千層發酵麵團

可頌麵團 *(見 34 頁)*	1950 克
折疊用奶油 *(見 18 頁)*	500 克

GARNITURE 配料

卡士達醬 *(見 267 頁)*	500 克
葡萄乾	280 克
水	110 克

FINITION 最後修飾

透明糖漿 *(見 267 頁)*	適量

GARNITURE 配料
前一天，混合葡萄乾和水，包上保鮮膜後保存。

Tourage 折疊	為麵團排氣。在麵團中夾入折疊用奶油，接著進行 1 次單折和 1 次雙折 *(見 24 頁)*。
Détente 鬆弛	1°C，約 45 分鐘。
Préparation du pâton 麵團的製作	用壓麵機將麵團壓至 3.5 公釐的厚度，形成 40 × 128 公分的長方形。
Façonnage 整形	用擀麵棍將麵團的下半部擀薄，形成 4 公分的寬度，接著以毛刷蘸水濕潤。 用抹刀將卡士達醬鋪在麵團剩餘部分，接著撒上葡萄乾。 將麵團從外向內捲起，以濕潤的薄麵皮作為接合處貼合。
Détaillage 裁切	切成 4 公分寬，切面朝上擺在鋪有烤盤紙的烤盤上。
Dorage 表面光澤	刷上蛋液。
Apprêt 最後發酵	27°C，約 2 小時。
Dorage 表面光澤	刷上蛋液。
Cuisson 烘烤	以 170°C的旋風烤箱，或以 200°C的層爐烤箱烤約 18 分鐘。
Finition 最後修飾	為葡萄乾麵包刷上透明糖漿。
Ressuage 冷卻散熱	放在網架上。

布里歐麵包

PAIN BRIOCHÉ

9個

難度 ●●○○○ - 全部準備時間 ●●●○○ - 烘烤時間 20分鐘

攪拌材料 PÂTE À PAIN BRIOCHÉ 布里歐麵包麵團	
T55 麵粉	1000克
蛋	325克
牛乳	325克
鹽	18克
砂糖	150克
酵母	30克
維也納發酵麵團 *(見268頁)*	250克

FIN DE PÉTRISSAGE 攪拌的最後	
奶油	250克

MÉTHODE DE TRAVAIL 製作程序

Température de base 室溫＋粉溫	48°C至52°C。
Incorporation 加入原料	將所有攪拌材料放入電動攪拌機的攪拌缸中。
Frasage 初步混合	速度1，約5分鐘。
Pétrissage 攪拌	速度2，約5分鐘。
Incorporation 加入原料	以速度1加入奶油，攪拌至形成平滑麵團。
Consistance 質地	軟硬適中的麵團。
Température 溫度	麵團溫度為23°C溫度。
Pointage 基本發酵	約30分鐘，接著在3°C下靜置12小時。
Rabat 翻麵	基本發酵30分鐘後輕輕翻麵。
Pesage 秤重	分成35克的麵團36個，和30克的麵團36個。
Mise en forme 初步整形	滾圓。
Détente 鬆弛	3°C，約1小時。
Façonnage 整形	球狀。將4個30克的麵球擺在預先上油的18×8×8公分長條模型的兩端，4個35克的麵球擺在中間。
Dorage 表面光澤	刷上蛋液。
Apprêt 最後發酵	27°C，約2小時。
Dorage 表面光澤	刷上蛋液。
Cuisson 烘烤	以145°C的旋風烤箱，或以180°C的層爐烤箱烤約20分鐘。
Ressuage 冷卻散熱	放在網架上。

熊掌麵包

PATTE D'OURS

32個

難度 ●●○○○ - 全部準備時間 ●●●○○ - 烘烤時間 16分鐘

PÂTE LEVÉE FEUILLETÉE 千層發酵麵團		GARNITURE 配料	
可頌麵團 *(見34頁)*	1950克	杏仁奶油醬 *(見266頁)*	640克
折疊用奶油 *(見18頁)*	500克		

MÉTHODE DE TRAVAIL 製作程序

Tourage 折疊 為麵團排氣。在麵團中夾入折疊用奶油。進行1次單折，接著是1次雙折 *(見24頁)*。

Détente 鬆弛 1°C，約45分鐘。

Détaillage 裁切 用壓麵機將麵團壓至3公釐的厚度，形成32×144公分的長方形，再裁成每個9×16公分的長方形。

Façonnage 整形 將20克的杏仁奶油醬鋪在長方形麵皮的中央，以毛刷蘸水濕潤長方形麵皮的邊緣和下半部。
將長方形麵皮對折，形成小袋狀並密合接口。
用刀在密合處劃出深約2公分的3道切口，將切口稍微分開。
將熊掌翻面，擺在鋪有烤盤紙的烤盤上。

Dorage 表面光澤 刷上蛋液。

Apprêt 最後發酵 27°C，約2小時。

Dorage 表面光澤 刷上蛋液。

Cuisson 烘烤 以170°C的旋風烤箱，或以200°C的層爐烤箱烤約16分鐘。

Ressuage 冷卻散熱 放在網架上。

奶油千層酥

PLIÉ À LA CRÈME

32個

難度 ●●○○○ - 全部準備時間 ●●●○○ - 烘烤時間 16 分鐘

PÂTE LEVÉE FEUILLETÉE 千層發酵麵團

可頌麵團 *(見 34 頁)*	1950 克
折疊用奶油 *(見 18 頁)*	500 克

GARNITURE 配料

卡士達醬 *(見 267 頁)*	640 克

FINITION 最後修飾

糖粉	適量

MÉTHODE DE TRAVAIL 製作程序

Tourage 折疊 為麵團排氣。在麵團中夾入折疊用奶油。進行 1 次單折，接著是 1 次雙折 *(見 24 頁)*。

Détente 鬆弛 1°C，約 45 分鐘。

Détaillage 裁切 用壓麵機將麵團壓至 3 公釐的厚度，形成 30×160 公分的長方形，再裁成 30×5 公分的長方形。

Façonnage 整形 將 20 克的卡士達醬鋪在長方形麵皮的下半部。稍微以毛刷蘸水濕潤奶油周圍的邊緣。
將上半部麵皮向下折，將麵皮緊緊密合。將折疊好的千層酥翻面，擺在鋪有烤盤紙的烤盤上。

Dorage 表面光澤 刷上蛋液。

Apprêt 最後發酵 27°C，約 2 小時。

Dorage 表面光澤 刷上蛋液。

Cuisson 烘烤 以 170°C的旋風烤箱，或以 200°C的層爐烤箱烤約 16 分鐘。

Ressuage 冷卻散熱 放在網架上。

Finition 最後修飾 為千層酥斜向篩上糖粉。

巧克力麻花卷

TORSADE CHOCOLAT

32個

難度 ●●●○○ - 全部準備時間 ●●●○○ - 烘烤時間 16分鐘

PÂTE LEVÉE FEUILLETÉE 千層發酵麵團

可頌麵團 *(見34頁)*	1950克
折疊用奶油 *(見18頁)*	500克

GARNITURE 配料

卡士達醬 *(見267頁)*	400克
巧克力豆 (Pépites de chocolat)	260克

Tourage 折疊	為麵團排氣。在麵團中夾入折疊用奶油。進行1次單折，接著是1次雙折 *(見24頁)*。
Détente 鬆弛	1°C，約45分鐘。
Préparation du pâton 麵團製作	用壓麵機將麵團壓至3.5公釐的厚度，形成46×96公分的長方形。
Façonnage 整形	用抹刀將卡士達醬鋪在整個麵團上，接著撒上巧克力豆。將麵團對折，成為23×96公分的長方形。
Détaillage 裁切	切成寬3公分的長條狀，將長條狀的麵皮兩端反向轉成麻花狀，接著擺在鋪有烤盤紙，波浪狀的維也納長棍烤盤 (plaques à baguette viennoise) 上。
Dorage 表面光澤	刷上蛋液。
Apprêt 最後發酵	27°C，約2小時。
Dorage 表面光澤	刷上蛋液。
Cuisson 烘烤	以170°C的旋風烤箱，或以200°C的層爐烤箱烤約16分鐘。
Ressuage 冷卻散熱	放在網架上。

V IE N
N O I
S E R
I E S

DU
MON
DE
維也納麵包世界巡禮

維也納麵包世界史

HISTOIRES DES VIENNOISERIES DU MONDE

BOLLER 小圓麵包

來自挪威，在大多數的斯堪地那維亞國家很受歡迎。主要的特色在於製作麵團時會使用小豆蔻。小圓麵包肯定是挪威地區最受歡迎的維也納麵包，而且還可以找到其他，如葡萄乾小圓麵包或巧克力小圓麵包等變化版本。任何時間皆可享用，但早餐特別受到喜愛。

BRIOCHE CORÉENNE
韓式布里歐

源自日本，據說是在1875年由武士安兵木村所發明，他在大日本帝國陸軍上台時失去了工作。在南韓也很受歡迎，但在南韓較常被稱為 Danpatppang。儘管通常會包入紅豆餡，但也有白豆、綠豆，甚至是栗子餡的版本。

CINNAMON ROLL
肉桂卷

源自瑞典的肉桂卷自1999年開始，每年的10月4日都有相關的慶祝活動。肉桂卷在整個斯堪地那維亞半島和北美都很受歡迎。在挪威也被稱為 kanelbulle，或是芬蘭的 korvapuusti。在這些國家，製作麵團時使用小豆蔻是很常見的配方。

COLOMBE DE PÂQUES
復活節鴿子麵包

禮拜儀式與和平的象徵…傳統上，鴿子麵包會在義大利復活節大餐的最後享用。傳說中倫巴底國王阿爾班（Albuin）準備要將帕維亞市（Pavie）夷為平地，為了平息他的怒氣，一位糕點師送給他一個鴿子形狀的美味蛋糕，因此成功地安撫了阿爾班。這個柔軟的布里歐，類似義大利的水果麵包（panettone 潘妮朵尼）。有些糕點師也會加入巧克力、榛果等加以變化。

CRAQUELIN
脆皮麵包

源自比利時，在法國北部也很受歡迎。名稱取自荷蘭的 crakelinc，意思是「biscuit sec craquant sous la dent 脆口的乾蛋糕」。而脆皮麵包定義為蛋糕（gâteau），最早可追溯至1265年。

FLÛTE AU SEL
鹽笛

鹽笛是筆直或扭曲狀的長條鹹麵包，可在瑞士的法語區品嚐到，尤其是沃州的開胃菜。最常以原味的形式出現，但也可以撒上罌粟籽、芝麻，甚至是乳酪。

HOT CROSS BUN
復活節十字麵包

源自英國的復活節十字麵包，是十四世紀由僧侶湯瑪斯·洛克利夫（Thomas Rockcliffe）在英格蘭（聖奧爾本斯 St Albans）的聖奧爾本斯主教座堂（Abbaye de Saint-Alban）所發明。最早稱為「Alban bun奧爾本麵包」，會在耶穌受難日時分送給需要幫助的人。現在的耶穌受難日仍廣泛地食用，尤其是在英語系國家。維也納麵包表面裝飾的十字形，象徵耶穌被釘在十字架上。

SALÉE AU SUCRE
砂糖鹹塔

稱為「砂糖鹹塔」似乎有點矛盾，但這個名稱的起源也還算符合邏輯，因為在十七世紀的瑞士沃洲（Vaudoise），「salée鹹味」一詞也有糕點的意思。過去有加入乳酪、培根和孜然、葡萄酒的「鹹味」糕點，那為何不考慮加點…砂糖呢？因此，砂糖鹹塔是一種圓形的糕點，以甜味發酵麵團製成，並鋪上糖和鮮奶油等配料，成為最純粹的幸福。

SOBORO
酥菠蘿

源自南韓的酥菠蘿，是韓國最具代表性的麵包。主要特色是覆蓋整個表面的酥粒（crumble），也是它名稱的由來，而且通常會以花生醬製作。

TAILLÉ AUX GREUBONS
瑞士豬油酥

長方形且呈現金黃色的瑞士豬油酥，或稱豬油渣，是十九世紀末創造出來的沃州（Vaudoise）鹹味糕點。由千層發酵麵團和豬油酥所構成，後者是在製造豬油時，融化肥肉所形成的豬油殘渣。在沃州，「瑞士豬油酥」會搭配白酒在酒窖和地下室的用餐區一起品嚐。

小圓麵包

BOLLER

25個

難度 ●●○○○ - 全部準備時間 ●●○○○ - 烘烤時間 **15** 分鐘

攪拌材料
PÂTE À BOLLER
小圓麵包麵團

T55 麵粉	**1000**克
蛋	**100**克
牛乳	**550**克
鹽	**18**克
砂糖	**120**克
酵母	**25**克
小豆蔻粉（Cardamome en poudre）	**8**克

FIN DE PÉTRISSAGE
攪拌的最後

奶油	**200**克

MÉTHODE DE TRAVAIL 製作程序

Température de base 室溫＋粉溫	48°C至52°C。
Incorporation 加入原料	將所有攪拌材料放入電動攪拌機的攪拌缸中。
Frasage 初步混合	速度1，約5分鐘。
Pétrissage 攪拌	速度2，約5分鐘。
Incorporation 加入原料	以速度1加入奶油，攪拌至形成平滑麵團。
Consistance 質地	軟硬適中的麵團。
Température 溫度	麵團溫度為23°C。
Pointage 基本發酵	約45分鐘。
Pesage 秤重	分成每個80克的麵團。
Mise en forme 初步整形	滾圓。
Détente 鬆弛	約20分鐘。
Façonnage 整形	滾圓，擺在鋪有烤盤紙的烤盤上。
Dorage 表面光澤	刷上蛋液。
Apprêt 最後發酵	27°C，約1小時30分鐘。
Dorage 表面光澤	刷上蛋液。
Cuisson 烘烤	以150°C的旋風烤箱，或以180°C的層爐烤箱烤約15分鐘。
Ressuage 冷卻散熱	放在網架上。

韓式布里歐
BRIOCHE CORÉENNEB

57個

難度 ●●●○○ - 全部準備時間 ●●●○○ - 烘烤時間 14 分鐘

攪拌材料 PÂTE À BRIOCHE CORÉENNE 韓式布里歐麵團	
T55 麵粉	1000克
蛋	240克
牛乳	200克
水	200克
鹽	18克
砂糖	180克
酵母	40克
奶粉	20克
維也納發酵麵團 *(見268頁)*	210克

FIN DE PÉTRISSAGE 攪拌的最後	
奶油	180克

PÂTE DE HARICOTS ROUGES 紅豆餡	
紅豆	1250克
浸泡用水	2000克
烹煮用水	2500克
砂糖	1000克
葡萄糖	250克

FINITION 最後修飾	
核桃仁	適量

PÂTE DE HARICOTS ROUGES 紅豆餡

以浸泡用水浸泡紅豆12小時，瀝乾。用平底深鍋將紅豆浸泡在烹煮用水中，煮沸，接著以小火煮約40分鐘，瀝乾。在平底深鍋中混合煮好的紅豆、砂糖和葡萄糖，接著以小火煮約40分鐘，經常攪拌。用電動攪拌棒打碎一半的紅豆餡，接著混入剩餘的紅豆餡。保存在3°C。

	MÉTHODE DE TRAVAIL 製作程序
Température de base 室溫＋粉溫	48°C至52°C。
Incorporation 加入原料	將所有攪拌材料放入電動攪拌機的攪拌缸中。
Frasage 初步混合	速度1，約5分鐘。
Pétrissage 攪拌	速度2，約5分鐘。
Incorporation 加入原料	以速度1加入奶油，攪拌至形成平滑麵團。
Consistance 質地	軟硬適中的麵團。
Température 溫度	麵團溫度為23°C。
Pointage 基本發酵	約1小時。
Pesage 秤重	分成每個40克的麵團。
Mise en forme 初步整形	滾圓。
Détente 鬆弛	室溫下約15分鐘。
Façonnage 整形	用擀麵棍將麵團稍微擀開，形成直徑7公分的圓餅狀。 在中央擺上60克的紅豆餡，接著將邊緣收攏，形成球狀。 擺在鋪有烤盤紙的烤盤上，接著用圓頭的擀麵棍輕輕按壓麵團中央，形成圓環狀。
Dorage 表面光澤	刷上蛋液。
Apprêt 最後發酵	27°C，約1小時15分鐘。
Dorage 表面光澤	刷上蛋液。
Finition 最後修飾	在每個圓環中央塞入1顆核桃仁。
Cuisson 烘烤	以150°C的旋風烤箱，或以180°C的層爐烤箱烤約14分鐘。
Ressuage 冷卻散熱	放在網架上。

肉桂卷
CINNAMON ROLL

28個

難度 ●●●○○ - 全部準備時間 ●●●○○ - 烘烤時間 14分鐘

攪拌材料
PÂTE À CINNAMON ROLL
肉桂卷麵團

T55 麵粉	500克
T65 麵粉	500克
蛋	420克
牛乳	200克
鹽	18克
砂糖	200克
酵母	40克

FIN DE PÉTRISSAGE 攪拌的最後

奶油	500克

GARNITURE À LA CANNELLE 肉桂配料

奶油乳酪（Philadelphia® 品牌）	500克
糖粉	75克
甜煉乳（Lait concentré sucré）	50克
肉桂粉	38克

GLACE À L'EAU À LA CANNELLE
肉桂糖霜

糖粉	1500克
水	375克
肉桂粉	12克

GARNITURE À LA CANNELLE 肉桂配料
在裝有攪拌槳的電動攪拌機中，將所有食材攪拌至形成均勻備料。保存在3°C。

GLACE À L'EAU À LA CANNELLE 肉桂糖霜
混合所有食材。

MÉTHODE DE TRAVAIL 製作程序

Température de base 室溫＋粉溫	48°C至52°C
Incorporation 加入原料	將所有攪拌材料放入電動攪拌機的攪拌缸中。
Frasage 初步混合	速度1，約5分鐘
Pétrissage 攪拌	速度2，約5分鐘
Incorporation 加入原料	以速度1加入奶油，攪拌至形成平滑麵團。
Consistance 質地	軟硬適中的麵團。
Température 溫度	麵團溫度為23°C溫度。
Pointage 基本發酵	攪拌一結束便以3°C靜置發酵約12小時。
Préparation du pâton 麵團製作	用壓麵機將麵團壓至2.5公釐的厚度，形成40×140公分的長方形。
Façonnage 整形	以毛刷蘸水濕潤麵團下緣約2公分處。用抹刀將肉桂配料均勻鋪在麵團其餘的部分。將麵團從外向內捲起，形成長140公分的圓柱狀，以濕潤的麵皮作為接合處貼合。
Détaillage 裁切	切成5公分寬，切面朝上擺入直徑10公分、高4公分且預先上油的模型中。
Apprêt 最後發酵	以27°C，約3小時。
Cuisson 烘烤	以150°C的旋風烤箱，或以180°C的層爐烤箱烤約14分鐘。
Ressuage 冷卻散熱	放在網架上。
Finition 最後修飾	為肉桂卷淋上肉桂糖霜，以90°C的旋風烤箱烘乾約2分鐘，氣門打開。

復活節鴿子麵包
COLOMBE DE PÂQUES

19個

難度 ●●●●● - 全部準備時間 ●●●●● - 烘烤時間 40 分鐘

LAVAGE DU LEVAIN 酵種浸洗

硬種（*Levain dur，見 265 頁*）	500克
38°C的水	2000克
砂糖	6克

1ER RAFRAÎCHI 第 1 次餵養

浸洗過的硬種	500克
上等麵粉（Farine de gruau）	450克
24°C的水	135克

2E RAFRAÎCHI 第 2 次餵養

第 1 次餵養的硬種	500克
上等麵粉	450克
24°C的水	180克

3E RAFRAÎCHI 第 3 次餵養

第 2 次餵養的硬種	500克
上等麵粉	450克
24°C的水	180克

4E RAFRAÎCHI 第 4 次餵養

砂糖	600克
24°C的水	1050克
蛋黃	250克
第 3 次餵養的硬種	600克
上等麵粉	2100克
蛋黃	300克
奶油	900克

INGRÉDIENTS DU PÉTRISSAGE 攪拌材料

在製作鴿子麵包之前，5 天中每天進行一次餵養會很有幫助，並讓酵種和常溫水一起保留在容器裡。

多次的餵養以及保存在常溫水中，能活化酵種，並去除多餘的酸味。

LAVAGE DU LEVAIN 酵種浸洗

將酵種浸泡在水和糖中 30 分鐘。

1ER RAFRAÎCHI 第 1 次餵養

用電動攪拌機以速度 1 混合所有材料。放入裝有 24°C水的容器中，以 28°C發酵約 3 小時。

2ER RAFRAÎCHI 第 2 次餵養

用電動攪拌機以速度 1 混合所有材料。放入裝有 24°C水的容器中，以 28°C發酵約 3 小時。

3ER RAFRAÎCHI 第 3 次餵養

用電動攪拌機以速度 1 混合所有材料。放入裝有 24°C水的容器中，以 28°C發酵約 3 小時。

4ER RAFRAÎCHI 第 4 次餵養

在螺旋攪拌機（pétrin spirale）中，以速度 1 攪拌糖和水。

加入第 1 份的蛋黃，接著是第 3 次餵養的酵母，以速度 1 攪拌 2 分鐘。

加入麵粉，以速度 2 攪拌，直到麵團不會沾黏攪拌缸壁。

以速度 1 加入第 2 份蛋黃。攪拌至形成平滑麵團，接著加入奶油。

放入刷有奶油的容器中，進行一次翻麵，為麵團表面刷上奶油，讓麵團在 27°C靜置至體積膨脹 3 倍，約 12 小時。

PÉTRISSAGE FINAL 最後攪拌

第4次餵養後的發酵種	5800克
上等麵粉（Farine de gruau）	820克
蛋黃	600克
水	90克
砂糖	600克
蜂蜜	200克
鹽	50克
香草莢	2根
卡士達醬（Crème pâtissière）	170克
奶油	1100克

GARNITURE 配料

糖漬枸櫞丁（Cédrats confits en dés）	400克
糖漬柳橙丁	1000克
葡萄乾	1150克
水	575克
柳橙皮	3顆

MACARONNADE 馬卡龍蛋白糊

杏仁粉	390克
玉米澱粉	350克
糖粉	775克
蛋白	390克

Finition 最後修飾

糖粉	適量

GARNITURE 配料

製作鴿子麵包的前一天，浸漬葡萄乾、水和柳橙皮至少12小時。

MACARONNADE 馬卡龍蛋白糊

製作鴿子麵包的前一天，混合所有材料。

MÉTHODE DE TRAVAIL 製作程序

Température de base 室溫＋粉溫	48°C至52°C
Incorporation 加入原料	在螺旋攪拌機的攪拌缸中，放入第4次餵養後的發酵種和麵粉。
Frasage 初步混合	速度1，約3分鐘。
Incorporation 加入原料	加入蛋黃和水。
Pétrissage 攪拌	速度2，約5分鐘，攪拌至麵糊脫離攪拌缸內壁。
Incorporation 加入原料	逐步加入糖、蜂蜜、鹽、香草籽、卡士達醬和奶油，並以速度1攪拌。 在麵團攪拌至充分平滑時，分2次加入配料，以速度1攪拌。
Consistance 質地	柔軟的麵團。
Température 溫度	麵團24°C。
Pointage 基本發酵	約45分鐘。
Pesage 秤重	分成每個650克的麵團。
Mise en forme 初步整形	滾圓。
Détente 鬆弛	室溫下約30分鐘。
Mise en forme 初步整形	再度滾圓。
Détente 鬆弛	室溫下約15分鐘。
Façonnage 整形	將麵團的兩邊稍微搓長，讓麵團形成模型的形狀。將麵團放入21×28公分的鴿子麵包模中。
Apprêt 最後發酵	27°C，約7至8小時。
Finition 最後修飾	將馬卡龍蛋白糊鋪在鴿子麵包表面，並篩上大量糖粉。
Cuisson 烘烤	以150°C的旋風烤箱，或以180°C的層爐烤箱烤約40分鐘。
Ressuage 冷卻散熱	用專用針穿過鴿子麵包底部，倒掛冷卻至少2小時。

脆皮麵包
CRAQUELIN

12個

難度 ●●●○○ - 全部準備時間 ●●●○○ - 烘烤時間 20 分鐘

攪拌材料
PÂTE À CRAQUELIN 脆皮麵包麵團

T55 麵粉	1000克
牛乳	550克
蛋黃	110克
鹽	18克
砂糖	50克
酵母	15克
液種（*Levain liquide，見264頁*）	200克

FIN DE PÉTRISSAGE
攪拌的最後

奶油	300克
珍珠糖（Sucre perlé）	340克

MÉTHODE DE TRAVAIL 製作程序

Température de base 室溫＋粉溫	48°C至52°C
Incorporation 加入原料	將所有攪拌材料放入電動攪拌機的攪拌缸中。
Frasage 初步混合	速度1，約5分鐘。
Pétrissage 攪拌	速度2，約3分鐘。
Incorporation 加入原料	以速度1加入奶油，攪拌至形成平滑麵團。 取出600克的麵團，接著在剩餘的麵團中加入珍珠糖，以速度1攪拌。
Consistance 質地	軟硬適中的麵團
Température 溫度	麵團溫度為23°C
Pointage 基本發酵	約1小時30分鐘
Pesage 秤重	分成165克的脆皮麵團和50克的表層麵團。
Mise en forme 初步整形	滾圓。
Détente 鬆弛	3°C下約20分鐘。
Façonnage 整形	用擀麵棍將表層麵團擀成直徑12公分的圓餅狀。 將脆皮麵團滾圓，接著擺在圓餅狀的表層麵皮上並貼合。 以圓餅狀的麵皮邊緣將球狀麵團包起並密合，擺在直徑12公分且預先上油的模型中。
Apprêt 最後發酵	3°C，約12小時，接著27°C，約3小時。
Dorage 表面光澤	刷上蛋液。
Refroidissement 冷卻	3°C，約10分鐘。
Lamage 劃切割紋	劃切十字。
Cuisson 烘烤	以160°C的旋風烤箱，或以190°C的層爐烤箱烤約20分鐘。
Ressuage 冷卻散熱	放在網架上。

鹽笛

FLÛTE AU SEL

146個

難度 ●●○○○ - 全部準備時間 ●●○○○ - 烘烤時間 17 分鐘

攪拌材料
PÂTE LEVÉE FEUILLETÉE 千層發酵麵團

T55 麵粉	1000克
水	275克
牛乳	275克
鹽	18克
砂糖	80克
酵母	30克
維也納發酵麵團*(見 268 頁)*	200克
奶油	150克

TOURAGE 折疊
折疊用奶油(beurre de tourage) 360克

FINITION 最後修飾
鹽之花 適量

MÉTHODE DE TRAVAIL 製作程序

Température de base 室溫+粉溫	46°C至50°C。
Incorporation 加入原料	將所有攪拌材料放入電動攪拌機的攪拌缸中。
Frasage 初步混合	速度1,約3分鐘。
Pétrissage 攪拌	速度1,約7分鐘,接著調整速度為2,2分鐘。
Consistance 質地	較硬的麵團。
Température 溫度	麵團溫度為23°C。
Pesage 秤重	分成每個2020克的麵團。
Mise en forme 初步整形	滾圓。
Pointage 基本發酵	約40分鐘。
Rabat 翻麵	基本發酵後20分鐘。
Mise en forme 初步整形	整形成橢圓形。
Pointage 中間發酵	1°C,約2小時。
Tourage 折疊	為麵團排氣。在麵團中夾入折疊用奶油。進行2次雙折*(見25頁)*。
Détente 鬆弛	1°C,約1小時。
Détaillage 裁切	用壓麵機將麵皮壓成36×110公分的長方形,接著裁成36×1.5公分的長條。
Façonnage 整形	將長條麵皮扭成螺旋狀,擺在預先刷上油或鋪上烤盤紙的烤盤上。將螺旋狀麵條切半,以形成長15公分笛子般的長度。
Apprêt 最後發酵	27°C,約2小時。
Dorage 表面光澤	刷上蛋液。
Finition 最後修飾	撒上鹽之花。
Cuisson 烘烤	以170°C的旋風烤箱,或以200°C的層爐烤箱烤約17分鐘。
Ressuage 冷卻散熱	放在網架上。

復活節十字麵包

HOT CROSS BUN

32個

難度 ●●○○○ - 全部準備時間 ●●●○○ - 烘烤時間 15 分鐘

攪拌材料

PÂTE À HOT CROSS BUNS 復活節十字麵包麵團

T55 麵粉	1000克
蛋	110克
牛乳	500克
鹽	18克
砂糖	110克
蜂蜜	50克
酵母	20克
肉桂粉	10克
八角粉（Anis en poudre）	5克
小豆蔻粉（Cardamome en poudre）	5克
奶油	160克
液種 *（Levain liquide，見 264 頁）*	250克

FIN DE PÉTRISSAGE 攪拌的最後

葡萄乾	200克
糖漬柳橙丁	200克
柳橙皮	1顆
檸檬皮	1顆

APPAREIL À CROIX 十字紋麵糊

T65 麵粉	50克
水	53克

FINITION 最後修飾

透明糖漿 *（見 267 頁）*	適量

APPAREIL À CROIX 十字紋麵糊

混合所有材料。保存在 3°C。

MÉTHODE DE TRAVAIL 製作程序

Température de base 室溫＋粉溫	48°C至52°C
Incorporation 加入原料	將所有攪拌材料放入電動攪拌機的攪拌缸中。
Frasage 初步混合	速度 1，約 8 分鐘。
Pétrissage 攪拌	速度 2，約 5 分鐘。
Incorporation 加入原料	加入葡萄乾、糖漬柳橙丁、柳橙皮和檸檬皮。
Consistance 質地	軟硬適中的麵團。
Température 溫度	麵團溫度為 23°C。
Pointage 基本發酵	約 2 小時 30 分鐘。
Pesage 秤重	分割為每個 80 克的麵團。
Façonnage 整形	滾圓。擺在鋪有烤盤紙的烤盤上。
Apprêt 最後發酵	3°C，約 12 小時，接著 27°C，約 2 小時。
Cuisson 準備烘烤	用擠花袋將十字紋麵糊擠在麵團表面，形成十字紋路。
Cuisson 烘烤	以 160°C的旋風烤箱，或以 190°C的層爐烤箱烤約 15 分鐘。
Finition 最後修飾	刷上透明糖漿。
Ressuage 冷卻散熱	放在網架上。

砂糖鹹塔

SALÉE AU SUCRE

18個

難度 ●●●○○ - 全部準備時間 ●●●○○ - 烘烤時間 12 分鐘

PÂTE À BRIOCHE NATURE 布里歐麵團

（見32頁）	1000克

APPAREIL À LA CRÈME 鮮奶油麵糊

脂肪含量35%的液態鮮奶油	550克
砂糖	150克
T55 麵粉	40克

APPAREIL À LA CRÈME 鮮奶油麵糊

在裝有打蛋器的電動攪拌機中打發所有材料。

MÉTHODE DE TRAVAIL 製作程序

Préparation du pâton 麵團的製作 用壓麵機將麵團壓至形成58×70公分的長方形。用派皮滾輪針（pique-vite）在麵皮上戳洞，用圓形的平口壓模裁出直徑13公分的圓餅狀布里歐麵皮。

Détente 鬆弛 3°C，約1小時。

Façonnage 整形 將圓形餅皮擺在直徑11公分，且預先抹上油的廣口迷你塔模（moules à tartelette évasés）底部。

Apprêt 最後發酵 3°C，約12小時，接著改為27°C，約2小時。

Dorage 表面光澤 將蛋液刷在布里歐麵皮邊緣。

Finition 最後修飾 在布里歐麵皮底部倒入鮮奶油麵糊，每個40克。

Cuisson 烘烤 以160°C的旋風烤箱，或以190°C的層爐烤箱烤約12分鐘。

Ressuage 冷卻散熱 放在網架上。

酥菠蘿
SOBORO

51個

難度 ●●○○○ - 全部準備時間 ●●●○○ - 烘烤時間 **15** 分鐘

攪拌材料
PÂTE À SOBORO
韓式菠蘿麵包麵團

T55麵粉	1000克
蛋	240克
牛乳	200克
水	200克
鹽	18克
砂糖	180克
酵母	40克
奶粉	20克

FIN DE PÉTRISSAGE
攪拌的最後

奶油	180克

CRUMBLE À LA CACAHUÈTE
花生酥粒

膏狀奶油	175克
花生醬	150克
鹽	3克
砂糖	220克
葡萄糖	20克
蛋	75克
T65麵粉	500克
泡打粉	10克
小蘇打粉	4克
無鹽碎花生	225克

Façonnage 整形

蛋黃	適量

花生酥粒

用裝有攪拌槳的電動攪拌機，將膏狀奶油和花生醬攪打至形成乳霜狀。
加入鹽、糖、葡萄糖和蛋，攪拌至形成均勻混料，接著加入預先過篩的麵粉、泡打粉和小蘇打粉，接著輕輕攪拌至形成細的砂礫狀，接著加入碎花生。保存在3°C。

MÉTHODE DE TRAVAIL 製作程序

Température de base 室溫+粉溫	48°C至52°C。
Incorporation 加入原料	將所有攪拌材料放入電動攪拌機的攪拌缸中。
Frasage 初步混合	速度1，約5分鐘。
Pétrissage 攪拌	速度2，約5分鐘。
Incorporation 加入原料	以速度1加入奶油，攪拌至形成平滑麵團。
Consistance 質地	軟硬適中的麵團。
Température 溫度	麵團溫度為23°C。
Pointage 基本發酵	約1小時。
Pesage 秤重	每個40克的麵團。
Mise en forme 初步整形	滾圓。
Détente 鬆弛	室溫下約15分鐘。
Façonnage 整形	滾圓。用毛刷蘸蛋黃濕潤麵團表面，接著沾裹上花生酥粒，擺在鋪有烤盤紙的烤盤上。
Apprêt 最後發酵	27°C，約1小時15分鐘。
Cuisson 烘烤	以150°C的旋風烤箱，或以180°C的層爐烤箱烤約15分鐘。
Ressuage 冷卻散熱	放在網架上。

瑞士豬油酥
TAILLÉ AUX GREUBONS

30個

難度 ●●○○○ - 全部準備時間 ●●○○○ - 烘烤時間 17 分鐘

攪拌材料	
PÂTE LEVÉE FEUILLETÉE 千層發酵麵團	
T55 麵粉	1000克
水	500克
鹽	18克
酵母	40克
維也納發酵麵團 *(見268頁)*	200克
奶油	50克

FIN DE PÉTRISSAGE 攪拌的最後

豬油酥（greubons，豬油渣）	500克

TOURAGE 折疊

折疊用奶油 *(見18頁)*	360克

FINITION 最後修飾

蛋黃	適量

MÉTHODE DE TRAVAIL 製作程序

Température de base 室溫＋粉溫	46°C至50°C。
Incorporation 加入原料	將所有攪拌材料放入電動攪拌機的攪拌缸中。
Frasage 初步混合	速度1，約3分鐘。
Pétrissage 攪拌	速度1，約7分鐘，接著調整為速度2，2分鐘。
Incorporation 加入原料	以速度1加入豬油酥。
Consistance 質地	成為稍硬的麵團。
Température 溫度	麵團溫度為23°C。
Pesage 秤重	2300克的麵團1個。
Mise en forme 初步整形	滾圓。
Pointage 基本發酵	約1小時。
Rabat 翻麵	基本發酵後30分鐘。
Mise en forme 初步整形	整形成橢圓形。
Pointage 基本發酵	1°C，約2小時。
Tourage 折疊	為麵團排氣。在擀開的麵團中夾入折疊用奶油。進行2次雙折 *(見25頁)*。
Détente 鬆弛	1°C，約1小時。
Tourage 折疊	進行1次雙折 *(見24頁)*。
Détente 鬆弛	1°C，約1小時。
Détaillage 裁切	用壓麵機將麵團壓至5公釐的厚度，形成60×45公分的長方形。裁成30個6×15公分的長方形，擺在鋪有烤盤紙的烤盤上。
Apprêt 最後發酵	27°C，約2小時。
Dorage 表面光澤	刷上蛋黃。
Cuisson 烘烤	以190°C的旋風烤箱，或以220°C的層爐烤箱烤約17分鐘。
Ressuage 冷卻散熱	放在網架上。

VIEN
NOI
SER
IES

TEN DAN CE

風靡世界的維也納麵包

栗子黑醋栗波斯托克
BOSTOCK MARRON CASSIS

10個

難度 ●○○○○ - 全部準備時間 ●○○○○ - 烘烤時間 14分鐘

準備的材料

前一天製作的布里歐麵包（*見54頁*）	2個

CRÈME D'AMANDE MARRON 栗子杏仁奶油醬

杏仁粉	50克
糖漬栗子醬（pâte de marron）	30克
砂糖	30克
膏狀奶油	40克
蛋	50克

CRÈME CASSIS 黑醋栗奶油醬

黑醋栗果泥	80克
砂糖	20克
玉米澱粉（Amidon de maïs）	6克

GARNITURE 配料

糖漬栗子泥（crème de marron）	100克
透明糖漿（Sirop neutre，*見267頁*）	70克

FINITION 最後修飾

切碎的烘焙杏仁	適量
糖粉	適量

CRÈME D'AMANDE MARRON 栗子杏仁奶油醬
用裝有攪拌槳的電動攪拌機，將糖漬栗子醬和砂糖攪打至軟化。加入膏狀奶油和杏仁粉，攪拌均勻。分次混入蛋液，將栗子杏仁奶油醬攪拌至均勻，約30秒。保存在3°C。

CRÈME CASSIS 黑醋栗奶油醬
先混合糖和玉米澱粉，在平底深鍋中不加熱地混入黑醋栗果泥，接著再煮沸。降溫後填入擠花袋，保存在3°C。

MÉTHODE DE TRAVAIL 製作程序

Détaillage 裁切 將布里歐麵包切成厚2.5公分，共10片。

Garnissage 配料 每片布里歐麵包其中一面刷上少量透明糖漿，相互穿插的擠出10克的栗子杏仁奶油醬和10克的黑醋栗奶油醬細條。用裝有扁鋸齒花嘴（douille chemin de fer）的擠花袋擠上一層20克的栗子杏仁奶油醬，鋪上大量的烘焙碎杏仁，擺在鋪有烤盤紙的烤盤上。

Cuisson 烘烤 以160°C的旋風烤箱，或以190°C的層爐烤箱烤約14分鐘。

Ressuage 冷卻散熱 放在網架上。

Finition 最後修飾 篩上糖粉。

柳橙布里歐
BRIOCHE À L'ORANGE

10個

難度 ●●○○○ - 全部準備時間 ●●●○○ - 烘烤時間 20 分鐘

PÂTE À BRIOCHE À L'ORANGE
柳橙布里歐麵團

布里歐麵團 *(見32頁)*	1000克
糖漬柳橙丁	200克
橙花水(Eau de fleur d'oranger)	25克

PÂTE D'AMANDE À L'ORANGE
柳橙杏仁膏

50%杏仁膏	520克
柳橙汁	26克
柳橙皮	1顆
糖漬柳橙丁	260克

AMANDES CROQUANTES
酥脆杏仁

杏仁角	100克
砂糖	100克
水	25克

FINITION 最後修飾

糖粉	適量

PÂTE À BRIOCHE À L'ORANGE 柳橙布里歐麵團
用電動攪拌機，以速度1混合柳橙布里歐麵團的材料，直到形成平滑的麵團。基本發酵，約45分鐘。輕輕翻麵，接著以3°C靜置發酵12小時。

PÂTE D'AMANDE À L'ORANGE 柳橙杏仁膏
用裝有攪拌槳的電動攪拌機，將杏仁膏、柳橙汁和柳橙皮攪打至軟化，接著加入糖漬柳橙丁，保存在3°C約30分鐘。將柳橙杏仁膏分成每個80克的小塊，接著揉成共10條長23公分的長條狀。包上保鮮膜，保存在3°C。

AMANDES CROQUANTES 酥脆杏仁
將水和糖煮沸，製作糖漿，煮沸1分鐘，接著加入杏仁角。以非常小的火，用刮刀不停攪拌，以免糖結塊。將酥脆杏仁平鋪在烤盤上，預留備用。

MÉTHODE DE TRAVAIL 製作程序

Préparation du pâton 麵團的製作	用壓麵機將麵團壓至4公釐的厚度，形成46×40公分的長方形。
Détente 鬆弛	冷凍約15分鐘。
Détaillage 裁切	裁成10條23×8公分的長條狀。
Façonnage 整形	稍微以毛刷蘸水濕潤麵皮，接著在每塊麵皮中央擺上1條柳橙杏仁膏。將麵皮的2個長邊折起，覆蓋柳橙杏仁膏，並將麵皮捏至密合，頭尾也一樣捏至密合。接著接口處朝下擺在24×5×5公分且預先上油的長條烤模(moules à cake)中。
Apprêt 最後發酵	27°C，約2小時30分鐘。
Dorage 表面光澤	刷上蛋液。
Finition 最後修飾	撒上酥脆杏仁。
Cuisson 烘烤	用層爐烤箱以160°C烤約20分鐘。
Ressuage 冷卻散熱	放在網架上。
Finition 最後修飾	篩上糖粉。

香料布里歐

BRIOCHE AUX ÉPICES

12個

難度 ●●●○○ - 全部準備時間 ●●○○○ - 烘烤時間 30分鐘

攪拌材料

PÂTE À BRIOCHE 布里歐麵團

T55麵粉	1000克
蛋	650克
鹽	18克
轉化糖（Sucre inverti）	60克
酵母	30克

FIN DE PÉTRISSAGE 攪拌的最後

奶油	500克
香料糖漿（Sirop aux épices）	300克
糖漬甜瓜丁	400克
糖漬柳橙丁	100克

SIROP AUX ÉPICES 香料糖漿

砂糖	300克
水	400克
丁香	6顆
八角	5個
肉桂棒	4根
香草莢	1/2根
柳橙皮	1顆

GLAÇAGE À L'ORANGE 柳橙鏡面

柳橙汁	140克
柑曼怡香橙干邑（Grand Marnier）	20克
糖粉	640克

SIROP AUX ÉPICES 香料糖漿

將水和糖煮沸，加入其他食材，包上保鮮膜後保存。過濾後再使用。

GLAÇAGE À L'ORANGE 柳橙鏡面

混合所有材料。

MÉTHODE DE TRAVAIL 製作程序

Température de base 室溫＋粉溫	48°C至52°C。
Incorporation 加入原料	將所有攪拌材料放入電動攪拌機的攪拌缸中。
Frasage 初步混合	速度1，約3分鐘。
Pétrissage 攪拌	速度2，約8分鐘。
Incorporation 加入原料	以速度1逐量加入奶油，攪拌至形成平滑的麵團，接著加入香料糖漿和糖漬水果丁。
Consistance 質地	柔軟的麵團。
Température 溫度	麵團溫度為23°C。
Pointage 基本發酵	約2小時。
Pesage 秤重	分割為每個250克的麵團。
Mise en forme 初步整形	滾圓。
Détente 鬆弛	室溫下約30分鐘。
Façonnage 整形	環狀。將環形麵團擺在直徑16公分，且預先上油的咕咕霍夫蛋糕模（moules à kouglof）中。
Apprêt 最後發酵	27°C，約1小時15分鐘。
Cuisson 烘烤	以150°C的旋風烤箱，或以180°C的層爐烤箱烤約30分鐘。
Finition 最後修飾	為布里歐刷上剩餘的香料糖漿。
Ressuage 冷卻散熱	放在網架上。
Finition 最後修飾	為布里歐淋上柳橙鏡面，以90°C的旋風烤箱烘乾約3分鐘，氣門打開。

焦糖香草布里歐
BRIOCHE CARAMEL VANILLE

10個

難度 ●●●○○ - 全部準備時間 ●●●○○ - 烘烤時間 **13** 分鐘

PÂTE À BRIOCHE NATURE

布里歐麵團*(見32頁)*	**500克**

CARAMEL À LA VANILLE 香草焦糖

砂糖	**210克**
脂肪含量35%的液態鮮奶油	**140克**
膏狀奶油	**140克**
鹽	**4克**
香草莢	**1根**

MACARONNADE 馬卡龍蛋白糊

杏仁粉	**40克**
糖粉	**40克**
蛋白	**36克**

FINITION 最後修飾

糖粉	**適量**
金箔	**適量**

CARAMEL À LA VANILLE 香草焦糖

在平底深鍋中，以小火加熱糖，讓糖逐步融化，形成非常淺色的焦糖。以小火，用打蛋器輕輕加入溫的液態鮮奶油，再度煮至110°C。

倒入碗中，放涼至35°C。加入膏狀奶油、鹽和香草籽，攪拌至形成平滑質地的焦糖。保存在3°C，並在微溫時使用。

MACARONNADE 馬卡龍蛋白糊

混合所有材料。保存在3°C。

MÉTHODE DE TRAVAIL 製作程序

Pesage 秤重 分割為每個50克的麵團，共10個。

Mise en forme 初步整形 滾圓。

Détente 鬆弛 3°C，約30分鐘。

Façonnage 整形 滾圓，接著輕輕壓扁。將麵團擺在直徑8公分、高6公分且預先上油的慕斯圈中。

Apprêt 最後發酵 27°C，約2小時30分鐘。

Cuisson 準備烘烤 將馬卡龍蛋白糊填入擠花袋，在表面擠出薄薄一層麵糊，接著篩上大量的糖粉。

Cuisson 烘烤 以150°C的旋風烤箱，或以180°C的層爐烤箱烤約13分鐘。

Ressuage 冷卻散熱 放在網架上。

Finition 最後修飾 冷卻後，以裝入香草焦糖的擠花袋與花嘴在布里歐表面刺入洞，每個布里歐內擠入45克。在布里歐表面擠上1滴香草焦糖，並用金箔裝飾。

檸檬黑醋栗布里歐
BRIOCHE CITRON CASSIS

40個

難度 ●●●●○ - 全部準備時間 ●●●○○ - 烘烤時間 17 分鐘

攪拌材料
PÂTE À BRIOCHE AU CITRON
檸檬布里歐麵團

T55 麵粉	1000克
蛋	650克
鹽	18克
轉化糖（Sucre inverti）	60克
酵母	30克

FIN DE PÉTRISSAGE 攪拌的最後

奶油	500克
檸檬糖漿	300克
切碎的糖漬檸檬	250克

SIROP AUX CITRONS 檸檬糖漿

砂糖	150克
水	200克
黃檸檬皮	2顆
青檸檬皮	2顆

CRÈME AU CASSIS 黑醋栗醬

黑醋栗果泥	500克
砂糖	240克
卡士達粉（Poudre à crème）	30克

GLAÇAGE AU CASSIS 黑醋栗鏡面

黑醋栗果泥	200克
糖粉	700克

SIROP AUX CITRONS 檸檬糖漿
將水和糖煮沸。加入2種檸檬皮，保存在3°C。

CRÈME AU CASSIS 黑醋栗醬
將黑醋栗果泥煮沸。加入砂糖和卡士達粉拌勻，再次煮沸。保存在3°C。

GLAÇAGE AU CASSIS 黑醋栗鏡面
混合所有材料。

MÉTHODE DE TRAVAIL 製作程序

Température de base 室溫＋粉溫	48°C至52°C
Incorporation 加入原料	將所有攪拌材料放入電動攪拌機的攪拌缸中。
Frasage 初步混合	速度1，約3分鐘。
Pétrissage 攪拌	速度2，約8分鐘
Incorporation 加入原料	以速度1逐量加入奶油，攪拌至形成平滑麵團，接著加入檸檬糖漿和切碎的糖漬檸檬。
Consistance 質地	柔軟的麵團。
Température 溫度	麵團溫度為23°C。
Pointage 基本發酵	約2小時。
Pesage 秤重	分割為每個70克的麵團，共40個。
Mise en forme 初步整形	整形成橢圓形。
Détente 鬆弛	室溫下約45分鐘。
Façonnage 整形	從長邊為麵團排氣。沿著麵團的長邊擠上16克的黑醋栗醬。將麵皮由長邊捲起，將黑醋栗醬保留在中間。將兩端接合，形成小圓環狀。擺在直徑10公分且預先上油的咕咕霍夫蛋糕模中。
Apprêt 最後發酵	27°C，約1小時30分鐘。
Cuisson 烘烤	以145°C的旋風烤箱，或以180°C的層爐烤箱烤約17分鐘。
Ressuage 冷卻散熱	放在網架上。
Finition 最後修飾	為布里歐淋上黑醋栗鏡面，接著以90°C的旋風烤箱烘乾約2分鐘，氣門打開。

卡布奇諾千層布里歐
BRIOCHE FEUILLETÉE CAPPUCCINO

6個

難度 ●●●●○ - 全部準備時間 ●●●○○ - 烘烤時間 **30**分鐘

PÂTE NATURE 原味麵團

千層布里歐麵團 *(見269頁)*	1150克

PÂTE AU CAFÉ ET CACAO 咖啡可可麵團

千層布里歐麵團 *(見269頁)*	1070克
咖啡醬(Pâte de café)	40克
可可粉	20克
水	20克

TOURAGE 折疊

折疊用奶油 *(見18頁)*	460克

GARNITURE 配料

3.5×1.5公分的巧克力棒 *(見266頁)*	72根

SIROP AU CAFÉ 咖啡糖漿

砂糖	100克
濃縮咖啡	125克

PÂTE AU CAFÉ ET CACAO 咖啡可可麵團

在裝有攪拌槳的電動攪拌機中，以速度1攪拌所有咖啡可可麵團的材料，直到形成均勻的麵團。
基本發酵，約40分鐘，接著以1°C靜置12小時。

SIROP AU CAFÉ 咖啡糖漿

混合熱的濃縮咖啡和糖。保存在3°C。

MÉTHODE DE TRAVAIL 製作程序

Tourage 折疊	為麵團排氣。在原味麵團和咖啡可可麵團之間夾入折疊用奶油，進行2次單折(見22頁)。
Détente 鬆弛	1°C，約45分鐘。
Préparation du pâton 麵團的製作	用壓麵機將麵團壓至形成60×30公分的長方形。
Détaillage 裁切	將麵團從長邊切半，並將兩部分的麵團相疊。
Préparation du pâton 麵團的製作	用壓麵機將麵團壓至形成約100×30公分的長方形。
Détaillage 裁切	裁成6條100×5公分的長條狀。
Façonnage 整形	將長形麵皮折成12摺手風琴的形狀，側面朝下，擺在預先上油的30×8×8公分模型中。在每個皺褶的凹陷處塞入1根巧克力棒。
Apprêt 最後發酵	27°C，約2小時30分鐘。
Cuisson 烘烤	以155°C的旋風烤箱，或以180°C的層爐烤箱烤約30分鐘。
Finition 最後修飾	為卡布奇諾千層布里歐刷上大量的咖啡糖漿。
Ressuage 冷卻散熱	放在網架上。

巧克力千層布里歐
BRIOCHE FEUILLETÉE AU CHOCOLAT

6個

難度 ●●●●○ - 全部準備時間 ●●●○○ - 烘烤時間 **30**分鐘

PÂTE NATURE 原味麵團

千層布里歐麵團 *(見269頁)*	1950克
折疊用奶油	460克

PÂTE AU CACAO 可可麵團

千層布里歐麵團 *(見269頁)*	250克
可可粉	25克
水	25克

GARNITURE 配料

3.5×1.5公分的巧克力棒 *(見266頁)*	72根

FINITION 最後修飾

透明糖漿 *(見267頁)*	適量

PÂTE AU CACAO 可可麵團

在裝有攪拌槳的電動攪拌機中，以速度1攪拌所有可可麵團的材料，直到形成均勻的麵團。基本發酵，約40分鐘，接著以1°C靜置12小時。

MÉTHODE DE TRAVAIL 製作程序

Tourage 折疊	為麵團排氣。在原味麵團中夾入折疊用奶油。進行2次單折 *(見22頁)*。以毛刷蘸水濕潤麵團表面，接著擺上預先擀至與折疊麵團大小相同的可可麵團。
Détente 鬆弛	1°C，約45分鐘。
Préparation du pâton 麵團的製作	用壓麵機將麵團壓至形成60×30公分的長方形。
Détaillage 裁切	將麵團從長邊切半，接著將原味的兩面疊合，讓巧克力麵團的部分位於外側。
Préparation du pâton 麵團的製作	用壓麵機將麵團壓至形成約100×30公分的長方形。
Détaillage 裁切	裁成6條100×5公分的長條狀。
Façonnage 整形	將長形麵皮折成12摺手風琴的形狀，側面朝下，擺在預先上油的30×8×8公分長條模型中，在每個皺褶的凹陷處塞入1根巧克力棒。
Apprêt 最後發酵	27°C，約2小時30分鐘。
Cuisson 烘烤	以155°C的旋風烤箱，或以180°C的層爐烤箱烤約30分鐘。
Finition 最後修飾	為巧克力千層布里歐刷上大量糖漿。
Ressuage 冷卻散熱	放在網架上。

酵母種布里歐
BRIOCHE SUR LEVAIN LEVURE

4個

難度 ●●○○○ - 全部準備時間 ●●●○○ - 烘烤時間 45 分鐘

攪拌材料

PÂTE À BRIOCHE 布里歐麵團

T55 麵粉	670克
鹽	18克
砂糖	115克
酵母	25克
蛋	260克
酵母種（Levain levure）	543克
白蘭姆酒	60克
橙花水	30克

FIN DE PÉTRISSAGE 攪拌的最後

砂糖	115克
奶油	260克

LEVAIN LEVURE 酵母種

T55 麵粉	330克
水	150克
橙花水	50克
酵母	13克

LEVAIN LEVURE 酵母種

用電動攪拌機的攪麵鉤混合所有酵母種的材料，以速度 1 攪拌約 5 分鐘。揉成結實的麵團，接著在室溫下發酵 1 小時。

MÉTHODE DE TRAVAIL 製作程序

Température de base 室溫＋粉溫	48°C至52°C。
Incorporation 加入原料	將所有攪拌材料放入電動攪拌機的攪拌缸中。
Frasage 初步混合	速度 1，約 3 分鐘。
Pétrissage 攪拌	速度 1，約 15 分鐘。
Incorporation 加入原料	以速度 1 加入糖，接著是奶油，攪拌至形成平滑的麵團。
Consistance 質地	柔軟的麵團。
Température 溫度	麵團溫度為 23°C。
Pointage 基本發酵	2 小時。
Pesage 秤重	分割為每個 500 克的麵團。
Mise en forme 初步整形	輕輕滾圓。
Détente 鬆弛	室溫下約 30 分鐘。
Façonnage 整形	直徑 30 公分的環狀，擺在鋪有烤盤紙的烤盤上。
Apprêt 最後發酵	27°C，約 1 小時 30 分鐘，接著 3°C，約 12 小時。
Dorage 表面光澤	刷上蛋液。
Lamage 劃切割紋	用刀在環形麵團上劃出螺旋狀花紋，並在室溫下靜置 1 小時，讓花紋變得自然。
Cuisson 烘烤	以 145°C的旋風烤箱，或以 180°C的層爐烤箱烤約 45 分鐘。
Ressuage 冷卻散熱	放在網架上。

素食南瓜布里歐
BRIOCHE VEGAN AU POTIMARRON

5個

難度 ●●○○○ - 全部準備時間 ●●●○○ - 烘烤時間 **30** 分鐘

攪拌材料
PÂTE À BRIOCHE 布里歐麵團

T55 麵粉	1000克
鹽	18克
砂糖	120克
酵母(Levure)	30克
水	300克
熟南瓜	400克

FIN DE PÉTRISSAGE 攪拌的最後

葡萄籽油	200克

POTIMARRON CUIT 熟南瓜

南瓜	500克
橄欖油	20克

FINITION 最後修飾

糖粉	適量

POTIMARRON CUIT 熟南瓜

清洗南瓜，切半，接著去籽。為南瓜刷上50克的橄欖油，擺在鋪有烤盤紙的烤盤上，以150°C的旋風烤箱烤約30分鐘。用食物料理機將熟南瓜打碎，保存在3°C。

MÉTHODE DE TRAVAIL 製作程序

Température de base 室溫+粉溫	48°C至52°C。
Incorporation 加入原料	將所有攪拌材料放入電動攪拌機的攪拌缸中。
Frasage 初步混合	速度1，約5分鐘。
Pétrissage 攪拌	速度2，約5分鐘。
Incorporation 加入原料	以速度1加入油，攪拌至形成平滑麵團。
Consistance 質地	軟硬適中的麵團。
Température 溫度	麵團溫度為23°C。
Pointage 基本發酵	約1小時，接著在3°C下12小時。
Rabat 翻麵	基本發酵後1小時。
Pesage 秤重	分割為每個400克的麵團。
Mise en forme 初步整形	滾圓。
Détente 鬆弛	室溫下約1小時。
Façonnage 整形	滾圓。擺在直徑16公分的義大利水果麵包模(moule à panettone)中。
Apprêt 最後發酵	27°C，約3小時。
Dorage 表面光澤	刷上水。
Finition 最後修飾	篩上糖粉。
Cuisson 烘烤	以145°C的旋風烤箱，或以180°C的層爐烤箱烤約30分鐘。
Ressuage 冷卻散熱	用專用針刺穿模型底部，倒掛1小時。

素食堅果布里歐
BRIOCHE VEGAN AUX FRUITS SECS

30個

難度 ●●○○○ - 全部準備時間 ●●●○○ - 烘烤時間 22 分鐘

攪拌材料
PÂTE À BRIOCHE VEGAN 素食布里歐麵團

上等麵粉（Farine de gruau）	900克
紫薯粉	100克
鹽	20克
砂糖	150克
酵母	50克
椰漿	400克
水	175克

FIN DE PÉTRISSAGE 攪拌的最後

砂糖	150克
人造奶油（Margarine）	300克
葡萄乾	70克
切碎開心果	70克
切碎榛果	70克

CRÈME À LA MÛRE 桑葚醬

桑葚果泥	600克
砂糖	100克
NH果膠	10克

FINITION 最後修飾

融化的人造奶油	200克
砂糖	300克
紫薯粉	45克

CRÈME À LA MÛRE 桑葚醬

將桑葚果泥稍微加熱，加入預先混合好的糖和果膠，攪拌後煮沸。放涼後填入擠花袋，保存在3°C。

MÉTHODE DE TRAVAIL 製作程序

Température de base 室溫＋粉溫	44°C至48°C。
Incorporation 加入原料	將所有攪拌材料放入電動攪拌機的攪拌缸中。
Frasage 初步混合	速度1，約3分鐘。
Pétrissage 攪拌	以速度1攪拌約15分鐘，直到形成平滑的麵團。
Incorporation 加入原料	以速度1逐量加入糖和人造奶油，攪拌至形成平滑的麵團，接著加入葡萄乾與堅果。
Consistance 質地	柔軟的麵團。
Température 溫度	麵團溫度為23°C。
Pointage 基本發酵	約30分鐘，接著在3°C下12小時。
Rabat 翻麵	基本發酵30分鐘後輕輕翻麵。
Pesage 秤重	分割為每個80克的麵團。
Détente 鬆弛	室溫下約30分鐘。
Mise en forme 初步整形	輕輕滾圓。
Détente 鬆弛	室溫下約30分鐘。
Façonnage 整形	小的環狀。擺在直徑9.5公分，且預先上油的咕咕霍夫蛋糕模中。
Apprêt 最後發酵	27°C，約3小時。
Cuisson 烘烤	以150°C的旋風烤箱，或以180°C的層爐烤箱烤約22分鐘。
Ressuage 冷卻散熱	放在網架上。
Finition 最後修飾	為布里歐刷上融化的人造奶油，接著讓奶油凝固，再裹上糖和紫薯粉的混料。將20克的桑葚醬擠在布里歐中央。

覆盆子小布里歐

BRIOCHETTE FRAMBOISE

20個

難度 ●●○○○ - 全部準備時間 ●●●○○ - 烘烤時間 15 分鐘

PÂTE À BRIOCHE CURCUMA 薑黃布里歐麵團

布里歐麵團 *(見32頁)*	1000克
薑黃粉	5克

CRÈME À LA FRAMBOISE 覆盆子醬

覆盆子果泥	500克
砂糖	100克
NH果膠	10克

CRAQUELIN 脆皮

T55麵粉	75克
砂糖	75克
去皮杏仁粉	75克
奶油	85克
鹽	1克

PÂTE À BRIOCHE CURCUMA 薑黃布里歐麵團

在裝有攪拌槳的電動攪拌機中，以速度1混合布里歐麵團和薑黃，攪拌至形成平滑的麵團。進行基本發酵，約30分鐘。輕輕翻麵，接著以3°C中間發酵12小時。

CRÈME À LA FRAMBOISE 覆盆子醬

先混合糖和果膠。將覆盆子泥稍微加熱，加入糖和果膠的混料，攪拌後煮沸。保存在3°C。

CRAQUELIN 脆皮

在裝有攪拌槳的電動攪拌機中，將所有材料攪拌至形成均勻麵團。夾在二張巧克力造型專用紙之間，擀成1.5公釐的厚度，接著冷凍保存至使用的時刻。用直徑8公分的壓模裁成20個圓片狀。

MÉTHODE DE TRAVAIL 製作程序

Pesage 秤重	分割為每個50克的麵團。
Détente 鬆弛	室溫下20分鐘。
Façonnage 整形	揉成結實團狀。擺在鋪有烤盤紙的烤盤上。
Apprêt 最後發酵	27°C，約2小時。
Finition 最後修飾	將冷凍的脆皮圓片擺在布里歐上，輕輕按壓。
Cuisson 烘烤	用層爐烤箱以150°C烤約15分鐘。
Ressuage 冷卻散熱	放在網架上。
Finition 最後修飾	冷卻後，將裝有覆盆子醬的擠花袋與花嘴在布里歐表面刺入，擠入30克，並在表面擠出少許覆盆子醬。

異國可頌
CROISSANT EXOTIQUE

30個

難度 ●●●○○ - 全部準備時間 ●●●○○ - 烘烤時間 16 分鐘

PÂTE LEVÉE FEUILLETÉE 千層發酵麵團

可頌麵團 *(見34頁)*	1950克
折疊用奶油 *(見18頁)*	500克

CRÈME EXOTIQUE 異國風味內餡

芒果泥	580克
百香果泥	580克
砂糖	280克
玉米澱粉	80克
青檸檬皮	2顆

GLACE À L'EAU FRUIT DE LA PASSION 百香果糖霜

糖粉	2000克
百香果泥	250克
水	250克

FINITION 最後修飾

青檸檬皮	適量

CRÈME EXOTIQUE 異國風味內餡

先混合糖和澱粉。在平底深鍋中混合2種果泥，加入砂糖和澱粉的混料，煮沸1分鐘，放涼。
在降溫後冷的內餡中加入青檸檬皮。保存在3°C。

GLACE À L' EAU FRUIT DE LA PASSION 百香果糖霜

混合所有材料。保存在3°C。

MÉTHODE DE TRAVAIL 製作程序

Tourage 折疊 為麵團排氣。在麵團中夾入折疊用奶油，進行2次雙折*(見25頁)*。

Détente 鬆弛 1°C，約45分鐘。

Détaillage 裁切 用壓麵機將麵團壓至3.5公釐的厚度，再裁成30個9×25公分的等腰三角形。

Façonnage 整形 捲成可頌*(見37頁)*，擺在鋪有烤盤紙的烤盤上。

Dorage 表面光澤 刷上蛋液。

Apprêt 最後發酵 27°C，約2小時。

Dorage 表面光澤 刷上蛋液。

Cuisson 烘烤 以170°C的旋風烤箱，或以200°C的層爐烤箱烤約16分鐘。

Ressuage 冷卻散熱 放在網架上。

Finition 最後修飾 冷卻後，用裝有異國風味內餡的擠花嘴刺入可頌的側面，擠入45克，表面淋上百香果糖霜，接著撒上青檸檬皮。以90°C的旋風烤箱烘乾約4分鐘，氣門打開。

香草可芬
CRUFFIN VANILLE

32個

難度 ●●●○○ - 全部準備時間 ●●●○○ - 烘烤時間 **16** 分鐘

PÂTE LEVÉE FEUILLETÉE 千層發酵麵團

可頌麵團 *(見34頁)*	**1950**克
折疊用奶油 *(見18頁)*	**500**克

CRÈME VANILLE 香草奶油醬

牛乳	**700**克
脂肪含量35%的液態鮮奶油	**300**克
蛋	**100**克
蛋黃	**40**克
砂糖	**200**克
玉米澱粉	**60**克
香草莢	**4**根
奶油	**120**克

FINITION 最後修飾

糖粉	**適量**

CRÈME VANILLE 香草奶油醬

在平底深鍋中加熱牛乳、液態鮮奶油、香草莢與刮出的籽。在碗中將蛋、蛋黃和糖攪拌至泛白後加入玉米澱粉，將熱牛乳分次少量倒入蛋糊中混合，再全部倒回平底深鍋煮沸1分鐘。離火，加入奶油再度攪拌。保存在3°C。

MÉTHODE DE TRAVAIL 製作程序

Tourage 折疊 為麵團排氣，在麵團中夾入折疊用奶油，進行1次單折，接著進行1次雙折 *(見24頁)*。

Détente 鬆弛 1°C，約45分鐘。

Détaillage 裁切 用壓麵機將麵團壓至3公釐的厚度，形成144×30公分的長方形，再裁成32條4.5×30公分的長條狀。

Façonnage 整形 將長條捲起，同時避免過度擠壓。擺在直徑8公分、高6公分，且預先上油的模型中。

Apprêt 最後發酵 27°C，約2小時30分鐘。

Cuisson 烘烤 以160°C的旋風烤箱，或以200°C的層爐烤箱烤約16分鐘。

Finition 最後修飾 冷卻後，用裝有香草奶油醬的擠花嘴刺入可芬底部，擠入45克，再篩上少許糖粉。

千層方塊

CUBE FEUILLETÉ

12個

難度 ●●○○○ - 全部準備時間 ●●●○○ - 烘烤時間 **25**分鐘

攪拌材料	
PÂTE À CUBE FEUILLETÉ 千層方塊麵團	
T55 麵粉	**750**克
T65 麵粉	**250**克
水	**420**克
蛋	**50**克
鹽	**18**克
砂糖	**130**克
酵母	**50**克
奶油	**140**克
維也納發酵麵團 *(見268頁)*	**100**克

TOURAGE 折疊	
折疊用奶油 *(見18頁)*	**500**克

MÉTHODE DE TRAVAIL 製作程序

Température de base 室溫＋粉溫	46°C至50°C。
Incorporation 加入原料	將所有攪拌材料放入電動攪拌機的攪拌缸中。
Frasage 初步混合	速度1，約3分鐘。
Pétrissage 攪拌	速度1，約8分鐘，接著調整速度為2，3分鐘。
Consistance 質地	軟硬適中的麵團。
Température 溫度	麵團溫度為23°C。
Pesage 秤重	分成1900克的麵團1個。
Mise en forme 初步整形	滾圓。
Pointage 基本發酵	約20分鐘。
Rabat 翻麵	基本發酵後10分鐘。
Mise en forme 初步整形	整形成橢圓形。
Pointage 中間發酵	冷凍約30分鐘，接著以1°C低溫發酵12小時。
Tourage 折疊	為麵團排氣，在麵團中夾入折疊用奶油，進行1次單折，接著是1次雙折 *(見24頁)*。
Détente 鬆弛	1°C，約45分鐘。
Détaillage 裁切	用壓麵機將麵團壓至3.5公釐的厚度，形成50×78公分的長方形，再裁成12條50×6.5公分的長條狀。
Façonnage 整形	將長條捲起，但不要捲得過緊，擺在邊長12公分且預先上油的正方模中。
Apprêt 最後發酵	27°C，約2小時30分鐘。
Cuisson 準備烘烤	為模型加蓋。
Cuisson 烘烤	以160°C的旋風烤箱，或以180°C的層爐烤箱烤約25分鐘。
Ressuage 冷卻散熱	放在網架上。

蘋果焦糖奶油酥
KOUIGN-AMANN AUX POMMES

24個

難度 ●●●●○ - 全部準備時間 ●●●○○ - 烘烤時間 35 分鐘

攪拌材料
PÂTE À KOUIGN-AMANN 焦糖奶油酥麵團

T55麵粉	1000克
牛乳	700克
鹽	25克
酵母	20克
奶油	100克

FIN DE PÉTRISSAGE 攪拌的最後

牛乳(bassinage 後加水)	150克

TOURAGE 折疊

折疊用奶油(*見18頁*)	800克
砂糖	800克

GARNITURE 配料

蘋果小丁	440克
砂糖	88克
玉米澱粉	12克
香草莢	2根

GARNITURE 配料

混合蘋果丁和糖，在常溫下保存至少2小時。將蘋果瀝乾，收集瀝出的湯汁，加入澱粉和香草莢與刮出的籽，攪拌至澱粉溶解。加入蘋果小丁，以平底深鍋煮至變得濃稠。填入24個9×2公分的長方矽膠模。冷凍保存。

MÉTHODE DE TRAVAIL 製作程序

Température de base 室溫＋粉溫	48°C至52°C。
Incorporation 加入原料	將所有攪拌材料放入電動攪拌機的攪拌缸中。
Frasage 初步混合	速度1，約3分鐘。
Pétrissage 攪拌	速度2，約6分鐘。
Incorporation 加入原料	以細流狀加入後加水的牛乳。
Consistance 質地	柔軟的麵團。
Température 溫度	麵團溫度為23°C。
Mise en forme 初步整形	滾圓。
Pointage 基本發酵	約1小時。
Pesage 秤重	每個1995克的麵團。
Mise en forme 初步整形	滾圓成結實的球狀。
Pointage 中間發酵	3°C，約12小時。
Tourage 折疊	折疊用奶油整形成40×40公分的正方形，接著製作信封折，將糖包在裡面。在預先擀開的麵皮中夾入奶油，進行2次雙折(*見25頁*)。
Détaillage 裁切	用壓麵機將麵團壓至形成30×86公分的長方形，再裁成24個7×14公分的長方形。
Façonnage 整形	在每個長方形麵皮底部擺上1塊冷凍蘋果內餡，緊緊地捲起，務必讓蘋果內餡保持在中央。將捲好的麵團擺在13×4.5×4公分，且預先上油的長方模中，務必要將收口處擺在模型底部。
Apprêt 最後發酵	27°C，約1小時。
Cuisson 烘烤	以165°C的旋風烤箱，或以180°C的層爐烤箱烤約35分鐘。
Ressuage 冷卻散熱	在模型中冷卻。冷卻後，用噴槍加熱模型外側，將焦糖奶油酥倒扣在網架上脫模。

異國焦糖奶油酥
KOUIGN-AMANN EXOTIQUE

40個

難度 ●●●●○ - 全部準備時間 ●●●○○ - 烘烤時間 **35** 分鐘

攪拌材料
PÂTE À KOUIGN-AMANN
焦糖奶油酥麵團

T55 麵粉	**1000**克
牛乳	**700**克
鹽	**25**克
酵母	**20**克
奶油	**100**克
青檸檬皮	**3**顆

FIN DE PÉTRISSAGE 攪拌的最後

蘭姆酒（bassinage 後加水）	**100**克

TOURAGE 折疊

折疊用奶油 *(見 18 頁)*	**800**克
紅糖（Sucre roux）	**800**克
香草莢	**1**根

TOURAGE 折疊
將香草莢的籽刮下，混入糖中，拌勻預留備用。

MÉTHODE DE TRAVAIL 製作程序

Température de base 室溫＋粉溫	48°C至52°C。
Incorporation 加入原料	將所有攪拌材料放入電動攪拌機的攪拌缸中。
Frasage 初步混合	速度1，約3分鐘。
Pétrissage 攪拌	速度2，約6分鐘。
Incorporation 加入原料	以細流狀加入後加水的蘭姆酒。
Consistance 質地	柔軟的麵團。
Température 溫度	麵團溫度為23°C。
Mise en forme 初步整形	滾圓。
Pointage 基本發酵	約1小時。
Pesage 秤重	1945克的麵團1個。
Mise en forme 初步整形	滾圓成結實的球狀。
Détente 鬆弛	3°C，約12小時。
Tourage 折疊	折疊用奶油整形成40×40公分的正方形，在奶油內部包入香草糖，並製作信封折。 在預先擀開的麵皮中夾入奶油，進行1次單折，接著是1次雙折 *(見 24 頁)*。
Détaillage 裁切	用壓麵機將麵團壓至6公釐的厚度，形成38×92公分的長方形，再裁成40個9×9公分的正方形。
Façonnage 整形	將每塊正方形麵皮的四角朝中央折起，翻面放入直徑9公分的矽膠模中。
Apprêt 最後發酵	27°C，約1小時。
Cuisson 烘烤	以165°C的旋風烤箱，或以180°C的層爐烤箱烤約35分鐘。
Ressuage 冷卻散熱	在模型中冷卻。

鹼水可頌
LAUGEN CROISSANT

24個

難度 ●●●○○ - 全部準備時間 ●●○○○ - 烘烤時間 18 分鐘

攪拌材料
PÂTE À LAUGEN CROISSANT
鹼水可頌麵團

T55 麵粉	1000克
牛乳	310克
水	310克
鹽	20克
砂糖	50克
酵母	50克
奶油	80克

TOURAGE 折疊

折疊用奶油 *(見 18 頁)*	400克

SOLUTION À BRETZEL
德國紐結麵包溶液

熱水	1000克
氫氧化鈉	50克

FINITION 最後修飾

椒鹽	適量

SOLUTION À BRETZEL 德國紐結麵包溶液
輕輕混合熱水和氫氧化鈉。為容器覆蓋上保鮮膜，接著保存在常溫下。

MÉTHODE DE TRAVAIL 製作程序

Température de base 室溫＋粉溫	46°C至50°C。
Incorporation 加入原料	將所有攪拌材料放入電動攪拌機的攪拌缸中。
Frasage 初步混合	速度1，約3分鐘。
Pétrissage 攪拌	速度1，約8分鐘，接著調整速度為2，3分鐘。
Consistance 質地	軟硬適中的麵團。
Température 溫度	麵團溫度為23°C。
Pesage 秤重	1800克的麵團1個。
Mise en forme 初步整形	滾圓。
Pointage 基本發酵	約40分鐘。
Rabat 翻麵	基本發酵後20分鐘。
Mise en forme 初步整形	整形成橢圓形。
Pointage 中間發酵	冷凍約30分鐘，接著以1°C低溫發酵12小時。
Tourage 折疊	為麵團排氣，在麵團中夾入折疊用奶油，進行2次單折 *(見 22 頁)*。
Détente 鬆弛	1°C，約45分鐘。
Détaillage 裁切	用壓麵機將麵團壓至4公釐的厚度，再裁成24個9.5×28公分的等腰三角形。
Façonnage 整形	捲成可頌 *(見 34 頁)* 狀，在德國紐結麵包溶液中浸泡約15秒，擺在鋪有烤盤紙的烤盤上，烤盤紙刷上少許油。
Apprêt 最後發酵	27°C，約1小時30分鐘。
Finition 最後修飾	撒上椒鹽。
Cuisson 烘烤	用層爐烤箱以210°C烤約18分鐘。烘烤結束前，將烤箱門稍微打開約4分鐘。
Ressuage 冷卻散熱	放在網架上。

蒙布朗
MONT-BLANC

14個

難度 ●●○○○ - 全部準備時間 ●●●○○ - 烘烤時間 28 分鐘

PÂTE LEVÉE FEUILLETÉE
千層發酵麵團

可頌麵團 *(見 34 頁)*	1950克
折疊用奶油 *(見 18 頁)*	500克

FINITION 最後修飾

透明糖漿 *(見 267 頁)*	適量

Tourage 折疊	為麵團排氣，在麵團中夾入折疊用奶油，進行1次單折，接著是1次雙折 *(見 24 頁)*。
Détente 鬆弛	1°C，約45分鐘。
Détaillage 裁切	用壓麵機將麵團壓至4公釐的厚度，形成63×54公分的長方形，再裁成14條4.5×54公分的長條狀。
Façonnage 整形	將長條捲起，同時避免過度擠壓。擺在直徑16公分且預先上油的高邊蛋糕模（moules à manqué）中。
Apprêt 最後發酵	27°C，約2小時30分鐘。
Cuisson 烘烤	以150°C的旋風烤箱，或以180°C的層爐烤箱烤約28分鐘。
Finition 最後修飾	為蒙布朗刷上少量透明糖漿。
Ressuage 冷卻散熱	放在網架上。

巧克力鳥巢
NID CHOCOLAT

6個

難度 ●●●●○ - 全部準備時間 ●●●○○ - 烘烤時間 22 分鐘

PÂTE À BRIOCHE 布里歐麵團

(見34頁)	900克

BROWNIE AU CHOCOLAT 巧克力布朗尼

奶油	160克
可可脂含量63%的覆蓋黑巧克力	160克
砂糖	160克
蛋	110克
T55 麵粉	65克

MACARONNADE 馬卡龍蛋白糊

糖粉	100克
去皮杏仁粉	100克
蛋白	100克

GANACHE AU CHOCOLAT 巧克力甘那許

脂肪含量35%的液態鮮奶油	150克
可可脂含量63%的覆蓋黑巧克力	150克

FINITION 最後修飾

糖粉	100克
切碎杏仁	100克

BROWNIE AU CHOCOLAT 巧克力布朗尼
將奶油和巧克力加熱至融化。將蛋和糖攪拌至稍微泛白後加入麵粉，混合巧克力糊和麵糊，將80克的麵糊擠入直徑12.5公分，且預先上油的薩瓦蘭蛋糕模（moules à savarin）中。將25克的麵糊擠在直徑5公分的半球形矽膠模中。以150°C的旋風烤箱烤約15分鐘。出爐後5分鐘脫模，冷凍保存。

MACARONNADE 馬卡龍蛋白糊
混合所有材料。

GANACHE AU CHOCOLAT 黑巧克力甘那許
將鮮奶油煮沸，接著倒入切碎的黑巧克力中，攪拌均勻。在微溫時使用。

MÉTHODE DE TRAVAIL 製作程序

Pesage 秤重	分割成每個150克的麵團。
Mise en forme 初步整形	輕輕滾圓。
Détente 鬆弛	3°C，約30分鐘。
Abaisse 擀薄麵團	用擀麵棍將布里歐麵團擀成直徑20公分的圓餅狀。
Façonnage 整形	為布里歐圓餅周圍刷上蛋液，接著在中央擺上1個布朗尼圓環。將布里歐圓餅刷上蛋液的邊緣朝圓環中央折起，接著輕輕密合，務必不要將布里歐圓餅弄破，形成圓環狀。放入直徑14公分，且預先上油的高邊蛋糕模中。
Apprêt 最後發酵	27°C，約2小時。
Finition 最後修飾	在布里歐表面戳洞，以免內部形成大孔洞。在布里歐表面鋪上馬卡龍蛋白糊，將半球形的巧克力布朗尼塞入圓環形布里歐的中央，在圓環表面撒上切碎杏仁，接著篩上糖粉。
Cuisson 烘烤	以150°C的旋風烤箱，或以180°C的層爐烤箱烤約22分鐘。
Ressuage 冷卻散熱	放在網架上。
Finition 最後修飾	在布里歐中央填入巧克力甘那許。

聖安東尼麵包
PAIN SAINT-ANTOINE

30個

難度 ●●●○○ - 全部準備時間 ●●●○○ - 烘烤時間 **16** 分鐘

PÂTE LEVÉE FEUILLETÉE NATURE
原味千層發酵麵團

可頌麵團 *(見34頁)*	**1700**克
折疊用奶油 *(見18頁)*	**500**克

PÂTE À CROISSANT CACAO
巧克力可頌麵團

可頌麵團 *(見34頁)*	**240**克
可可粉	**24**克
牛乳	**24**克
奶油	**12**克

GARNITURE 配料

烘焙用巧克力條（每根5克）	**30**根
糖漬柳橙條	**30**根

FINITION 最後修飾

透明糖漿 *(見267頁)*	**適量**

PÂTE À CROISSANT CACAO 巧克力可頌麵團
在裝有攪拌槳的電動攪拌機中，以速度1混合所有巧克力可頌麵團的材料，直到形成平滑的麵團。進行基本發酵約40分鐘，接著以1°C靜置12小時。

MÉTHODE DE TRAVAIL 製作程序

Tourage 折疊 為麵團排氣。在麵團中夾入折疊用奶油，進行1次單折和1次雙折 *(見24頁)*。以毛刷蘸水濕潤麵團表面，接著擺上預先擀至與折疊麵團相同大小的巧克力可頌麵團。

Détente 鬆弛 1°C，約45分鐘。

Détaillage 裁切 用壓麵機將麵團壓至3.5公釐的厚度，形成42×80公分的長方形，再裁成30個14×8公分的長方形。用麵包割紋刀在巧克力的那一面劃出切紋，深度1公釐、間隔1公分。

Façonnage 整形 將長方形翻面，接著如巧克力麵包般先放入1根巧克力棒捲一圈，接著放入1條糖漬柳橙條捲至末端，擺在鋪有烤盤紙的烤盤上。

Dorage 表面光澤 刷上蛋液。

Apprêt 最後發酵 27°C，約2小時。

Dorage 表面光澤 刷上蛋液。

Cuisson 烘烤 以170°C的旋風烤箱，或以200°C的層爐烤箱烤約16分鐘。

Finition 最後修飾 刷上透明糖漿。

Ressuage 冷卻散熱 放在網架上。

杏仁覆盆子巧克力麵包

PAIN AU CHOCOLAT FRAMBOISE AMANDE

15個

難度 ●○○○○ - 全部準備時間 ●●○○○ - 烘烤時間 **15**分鐘

準備材料

前一天烤好的巧克力麵包 *(見46頁)*	**15**個
透明糖漿 *(見267頁)*	**150**克

CRÈME D'AMANDE 杏仁奶油醬

(見266頁)	**600**克

CRÈME FRAMBOISE 覆盆子醬

覆盆子果泥	**240**克
砂糖	**60**克
玉米澱粉	**18**克

FINITION 最後修飾

杏仁片	**適量**
糖粉	**適量**

CRÈME FRAMBOISE 覆盆子醬

在平底深鍋中混合覆盆子果泥，和預先混合好的砂糖和澱粉，一起煮沸1分鐘。保存在3°C。

MÉTHODE DE TRAVAIL 製作程序

Détaillage 裁切 巧克力麵包橫剖成二片。

Garnissage 填料 每個切面都刷上大量的透明糖漿，用裝有扁鋸齒花嘴的擠花袋在巧克力麵包底部切面擠上20克的覆盆子醬，接著蓋上頂部的麵包。
用裝有扁鋸齒花嘴的擠花袋在巧克力麵包表面鋪上40克的杏仁奶油醬，再撒上杏仁片，擺在鋪有烤盤紙的烤盤上。

Cuisson 烘烤 以160°C的旋風烤箱，或以180°C的層爐烤箱烤約15分鐘。

Ressuage 冷卻散熱 放在網架上。

Finition 最後修飾 篩上糖粉。

蔓越莓白巧克力維也納麵包

PAIN VIENNOIS CHOCOLAT BLANC CRANBERRIES

15個

難度 ●●○○○ - 全部準備時間 ●●●○○ - 烘烤時間 16 分鐘

攪拌材料
PÂTE À VIENNOIS CHOCOLAT BLANC CRANBERRIES
蔓越莓白巧克力維也納麵團

T55 麵粉	1000克
牛乳	640克
蛋	110克
鹽	18克
砂糖	80克
酵母	18克
奶油	150克

FIN DE PÉTRISSAGE 攪拌的最後

可可脂含量35%的白巧克力	200克
蔓越莓乾	200克

MACARONNADE 馬卡龍蛋白糊

杏仁粉	150克
糖粉	150克
蛋白	120克

FINITION 最後修飾

杏仁片	適量
糖粉	適量

MACARONNADE 馬卡龍蛋白糊
混合所有材料備用。

MÉTHODE DE TRAVAIL 製作程序

Température de base 室溫＋粉溫	48°C至52°C
Incorporation 加入原料	將所有攪拌材料放入電動攪拌機的攪拌缸中。
Frasage 初步混合	速度1，約3分鐘
Pétrissage 攪拌	速度2，約7分鐘
Incorporation 加入原料	以速度1加入白巧克力和蔓越莓乾。
Consistance 質地	軟硬適中的麵團。
Température 溫度	麵團溫度為23°C。
Pointage 基本發酵	約20分鐘。
Pesage 秤重	分割為每個160克的麵團。
Mise en forme 初步整形	滾圓。
Détente 鬆弛	3°C，約12小時。
Façonnage 整形	滾圓。擺在直徑12公分，且預先上油的高邊蛋糕模中。
Apprêt 最後發酵	27°C，約2小時。
Finition 最後修飾	為麵團表面鋪上馬卡龍蛋白糊，接著撒上杏仁片，並篩上大量的糖粉。
Cuisson 烘烤	以150°C的旋風烤箱，或以180°C的層爐烤箱烤約16分鐘。
Ressuage 冷卻散熱	放在網架上。

瑞士抹醬麵包

SUISSE À LA PÂTE À TARTINER

30個

難度 ●●○○○ - 全部準備時間 ●●●○○ - 烘烤時間 16 分鐘

PÂTE LEVÉE FEUILLETÉE NATURE 原味千層發酵麵團

可頌麵團 *(見 34 頁)*	1700 克
折疊用奶油 *(見 18 頁)*	500 克

PÂTE À CROISSANT CACAO 巧克力可頌麵團

可頌麵團 *(見 34 頁)*	240 克
可可粉	24 克
牛乳	24 克
奶油	12 克

GARNITURE AU CHOCOLAT 巧克力配料

榛果巧克力抹醬	650 克
去皮杏仁粉	195 克
蛋白	130 克

FINITION 最後修飾

透明糖漿 *(見 267 頁)*	適量

GARNITURE AU CHOCOLAT 巧克力配料
混合所有材料。

PÂTE À CROISSANT CACAO 巧克力可頌麵團
在裝有槳狀攪拌器的電動攪拌機中，以速度 1 混合所有材料，攪拌至形成平滑的麵團。進行基本發酵，約 40 分鐘，接著以 1°C，低溫發酵 12 小時。

MÉTHODE DE TRAVAIL 製作程序

Tourage 折疊 為麵團排氣，在麵團中夾入折疊用奶油，進行 1 次單折和 1 次雙折 *(見 24 頁)*，以毛刷蘸水濕潤麵團表面，接著擺上預先擀至與折疊麵團相同大小的巧克力可頌麵團。

Détente 鬆弛 1°C，約 45 分鐘。

Détaillage 裁切 用壓麵機將麵團壓至 3 公釐的厚度，接著形成 26 × 160 公分的長方形，再裁成 32 個 26 × 5 公分的長方形。

Façonnage 整形 巧克力面朝下，用擠花袋在長方形麵皮的下半部擠上 30 克的巧克力配料，用糕點刷蘸水稍微濕潤配料周圍的邊緣，把上半部麵皮向下折，讓四周的麵皮緊緊密合。
將麵團翻面，接著用麵包割紋刀劃出花紋，擺在鋪有烤盤紙的烤盤上。

Dorage 表面光澤 刷上蛋液。

Apprêt 最後發酵 27°C，約 2 小時。

Dorage 表面光澤 刷上蛋液。

Cuisson 烘烤 以 170°C的旋風烤箱，或以 200°C的層爐烤箱烤約 16 分鐘。

Finition 最後修飾 刷上透明糖漿。

Ressuage 冷卻散熱 放在網架上。

蘋果漩渦麵包

TOURBILLON AUX POMMES

32個

難度 ●●●○○ - 全部準備時間 ●●●○○ - 烘烤時間 15 分鐘

攪拌材料
PÂTE À BRIOCHE À LA FLEUR D'ORANGER 橙花布里歐麵團

T55 麵粉	1000克
蛋	600克
橙花水	70克
酵母	35克
鹽	20克
砂糖	140克
維也納發酵麵團 *(見268頁)*	100克

FIN DE PÉTRISSAGE 攪拌的最後

奶油	450克

GARNITURE 配料

卡士達醬 *(見267頁)*	650克

POMMES AU FOUR 烤蘋果

蘋果	1500克

SUCRE AU CITRON 檸檬糖

白砂糖(Sucre cristal)	250克
檸檬皮	1顆

FINITION 最後修飾

融化奶油	200克

POMMES AU FOUR 烤蘋果
清洗蘋果、去皮、挖去果核並切丁，擺在鋪有烤盤墊的烤盤上。以150°C的旋風烤箱烤約30分鐘，氣門打開。

SUCRE AU CITRON 檸檬糖
混合糖和檸檬皮。

MÉTHODE DE TRAVAIL 製作程序

Température de base 室溫＋粉溫	48°C至52°C。
Incorporation 加入原料	將所有攪拌材料放入電動攪拌機的攪拌缸中。
Frasage 初步混合	速度1，約5分鐘。
Pétrissage 攪拌	速度2，約5分鐘。
Incorporation 加入原料	以速度1加入奶油，攪拌至形成平滑的麵團。
Consistance 質地	軟硬適中的麵團。
Température 溫度	麵團溫度為23°C。
Pointage 基本發酵	1°C，約2小時。
Préparation du pâton 麵團的製作	用壓麵機將麵團壓至3公釐的厚度，形成40×120公分的長方形，再用壓麵機將麵團壓至1公釐的厚度，保存在1°C。
Façonnage 整形	以毛刷蘸水濕潤麵皮下緣約4公分處的區域，用抹刀將卡士達醬鋪在麵皮其餘部分，接著撒上蘋果丁。 將麵皮從外向內捲起，最後以濕潤的麵皮黏合收口。
Détaillage 裁切	切成寬4公分的塊狀。用壓模在其餘擀開的麵皮上裁出直徑7公分的圓片狀，將圓片狀麵皮放入直徑10公分，且預先上油的模型中，再放入切面朝上的漩渦狀麵團。
Apprêt 最後發酵	27°C，約2小時30分鐘。
Cuisson 烘烤	以150°C的旋風烤箱，或以180°C的層爐烤箱烤約15分鐘。
Finition 最後修飾	為漩渦麵包刷上融化奶油，接著撒滿檸檬糖。
Ressuage 冷卻散熱	放在網架上。

杏仁辮子麵包

TRESSE AMANDE

4個

難度 ●●●●○ - 全部準備時間 ●●●○○ - 烘烤時間 24分鐘

PÂTE À BRIOCHE 布里歐麵團（*見32頁*） 1000克

MASSE AMANDE 杏仁糊

杏仁粉	140克
砂糖	140克
奶油	140克
蛋	70克
玉米澱粉	14克
香草莢	2根

FINITION 最後修飾

杏仁片	適量

MASSE AMANDE 杏仁糊

在裝有攪拌槳的電動攪拌機中，混合杏仁粉、砂糖、奶油、澱粉和香草籽。逐量加入蛋，將杏仁糊攪拌至均勻。保存在3°C。

MÉTHODE DE TRAVAIL 製作程序

Pesage 秤重 1000克的麵團1個。

Préparation du pâton 麵團的製作 用壓麵機將麵團壓至形成24×120公分的長方形。

Détaillage 裁切 裁成24×10公分的長條，共12條。

Garnissage 填料 在每份麵皮上鋪40克的杏仁糊，務必要將杏仁糊鋪在麵皮的上半部。

Détente 鬆弛 冷凍約10分鐘，直到杏仁糊變硬。

Façonnage 整形 將麵皮從外向內捲起，搓成長30公分的麵團，盡量將杏仁糊保持在每條麵團的中央，接著取三條麵團編成辮子狀。不要編得太緊，收口朝下折入，擺在28×8×6公分且預先上油的長方模中。

Apprêt 最後發酵 27°C，約2小時30分鐘。

Dorage 表面光澤 刷上蛋液。

Finition 最後修飾 撒上杏仁片。

Cuisson 烘烤 以150°C的旋風烤箱，或以180°C的層爐烤箱烤約24分鐘。

Ressuage 冷卻散熱 放在網架上。

VIENNOISERIES

D E P R E S T i G E

引領風潮的維也納麵包

本章介紹的維也納麵包
是2007、2015和2018年
「MOF法國最佳工藝師」競賽中
所創作的作品。

開心果黑醋栗手風琴麵包

ACCORDÉON PISTACHE CASSIS

12個

難度 ●●●●● - 全部準備時間 ●●●●○ - 烘烤時間 **15** 分鐘

PÂTE À BRIOCHE 布里歐麵團

(見32頁)	**800克**

PÂTE D' AMANDE À LA PISTACHE 開心果杏仁膏

50%杏仁膏	**180克**
開心果醬	**30克**
蛋白	**18克**

PÂTE D'AMANDE AU CASSIS 黑醋栗杏仁膏

50%杏仁膏	**180克**
黑醋栗果泥（Purée de cassis）	**40克**

FINITION 最後修飾

透明糖漿*(見267頁)*	**適量**

PÂTE D'AMANDE À LA PISTACHE 開心果杏仁膏

在裝有攪拌槳的電動攪拌機中，將杏仁膏、開心果醬和蛋白攪打至軟化（1）。保存在裝有10公釐圓口花嘴的擠花袋中。

PÂTE D'AMANDE AU CASSIS 黑醋栗杏仁膏

在裝有攪拌槳的電動攪拌機中，將杏仁膏和黑醋栗果泥攪打至軟化（2）。保存在裝有10公釐圓口花嘴的擠花袋中。

MÉTHODE DE TRAVAIL 製作程序

Pesage 秤重	分割為800克的布里歐麵團1個。
Préparation du pâton 麵團的製作	用壓麵機將麵團壓至形成56×44公分的長方形。
Détente 鬆弛	冷凍約15分鐘。
Façonnage 整形	在麵皮上方距離邊緣3公分處擠出1條開心果杏仁膏（3），在留白處刷上少許蛋液，並將麵皮朝杏仁膏覆蓋捲起（4、5）。 將麵皮翻面，擠上1條黑醋栗杏仁膏，刷上少許蛋液，將麵皮朝黑醋栗杏仁膏覆蓋捲起（6）。 重複同樣的程序4次，每種顏色形成5條，並將麵皮完全填滿餡料（7、8、9）。
Détente 鬆弛	冷凍約30分鐘。
Détaillage 裁切	用刀切成12塊規則的麵團（10）。將手風琴形的麵團擺在12×5.5×5公分，且預先上油的廣口吐司模（moules à cake évasés）中（11）。
Dorage 表面光澤	刷上蛋液（12）。
Apprêt 最後發酵	27℃，3小時。
Cuisson 烘烤	以180℃的層爐烤箱，或145℃的旋風烤箱，烤約15分鐘。
Finition 最後修飾	刷上透明糖漿。
Ressuage 冷卻散熱	放在網架上。

1
2
3
4
5
6
7
8
9
10
11
12

香草草莓聯盟

ALLIANCE VANILLE FRAISE

12個

難度 ●●●●● - 全部準備時間 ●●●●○ - 烘烤時間 14分鐘

PÂTE LEVÉE FEUILLETÉE NATURE 原味千層發酵麵團

可頌麵團 *(見34頁)*	500克
折疊用奶油 *(見18頁)*	180克

PÂTE À CROISSANT ROUGE 紅可頌麵團

可頌麵團 *(見34頁)*	96克
紅色食用色素	4克

GARNITURE 配料

香草卡士達醬（Crème pâtissière à la vanille，*見267頁*）	240克

CRÈME À LA FRAISE 草莓醬

草莓果泥	150克
砂糖	40克
卡士達粉	16克

APPAREIL GÉLIFIÉ À LA FRAISE 草莓果凝

草莓果泥	170克
砂糖	70克
NH果膠	3克

FINITION 最後修飾

透明糖漿 *(見267頁)*	適量

PÂTE À CROISSANT ROUGE 紅可頌麵團

在裝有攪拌槳的電動攪拌機中，以速度1混合所有紅可頌麵團的材料，直到形成平滑的麵團。
進行基本發酵約40分鐘，接著以1°C靜置12小時。

CRÈME À LA FRAISE 草莓醬

先混合糖和卡士達粉。將草莓果泥稍微加熱。加入糖和卡士達粉，接著煮沸。保存在3°C。

INSERTS VANILLE FRAISE 香草草莓內餡

在直徑5公分的半球形矽膠模中擠入20克的卡士達醬(**1**)，並擠上15克的草莓醬(**2**)覆蓋。冷凍保存。

APPAREIL GÉLIFIÉ À LA FRAISE 草莓果凝

先混合糖和果膠。將草莓果泥稍微加熱。加入糖和果膠，接著煮沸。保存在3°C。

MÉTHODE DE TRAVAIL 製作程序

Tourage 折疊 為麵團排氣，在麵團中夾入折疊用奶油，進行2次單折*(見22頁)*，以毛刷蘸水濕潤麵團表面(**3**)，接著擺上預先擀至與折疊麵團相同大小的紅可頌麵皮(**4**)。

Détente 鬆弛 1°C，45分鐘。

Préparation du pâton 麵團的製作 用壓麵機將麵團壓至3公釐的厚度，形成30×50公分的長方形。

Détente 鬆弛 冷凍約15分鐘。

Détaillage 裁切 裁成12條4×18公分的長條，以及12個3.5×8公分的長方形。
將其餘麵皮壓至1公釐的厚度，再冷凍冷卻10分鐘，接著裁成12個直徑6公分的圓。

Garnissage 填料 在4×18公分的長條麵皮上劃出臘腸狀的淺割紋(saucisson)不切到底，麵皮翻面在中央擠出1條草莓醬(**5**)。

Façonnage 整形 以毛刷蘸水濕潤長方形麵皮，接著覆蓋捲起(**6**、**7**、**8**)。
形成圓環(**9**)，用3.5×8公分且預先濕潤的長方形麵皮封口(**10**、**11**)。
將直徑6公分的圓形麵皮先擺入直徑10公分，且預先上油的高邊蛋糕模中(**12**)，接著再放入捲好的圓環麵團。

Apprêt 最後發酵 27°C，約2小時30分鐘。

Cuisson 準備烘烤 將香草草莓內餡脫模擺在中央(**13**)。

Cuisson 烘烤 以旋風烤箱170°C烘烤約14分鐘。

Finition 最後修飾 刷上透明糖漿。

Ressuage 冷卻散熱 放在網架上。

Finition 最後修飾 將草莓果凝稍微加熱，接著填入麵包中央。

1
2
3
4
5
6
7
8
9
10
11
12
13

巧克柳橙
CHOCORANGE

12個

難度 ●●●●○ - 全部準備時間 ●●●●○ - 烘烤時間 17 分鐘

PÂTE LEVÉE FEUILLETÉE
千層發酵麵團

可頌麵團 *(見 34 頁)*	720克
折疊用奶油 *(見 18 頁)*	180克

APPAREIL À L'ORANGE
柳橙蛋糊

杏仁粉	65克
砂糖	80克
蛋	120克
柳橙汁	40克
柳橙皮	1顆
焦化奶油（Beurre noisette）	85克

GLAÇAGE MIROIR AU CHOCOLAT
巧克力鏡面

水	100克
砂糖	180克
脂肪含量35%的液態鮮奶油	85克
可可粉	65克
吉利丁粉	10克
吉利丁用冷水	50克

FINITION 最後修飾

糖粉	適量
金箔	適量

APPAREIL À L'ORANGE 柳橙蛋糊
混合所有食材，最後再加入微溫的焦化奶油。將蛋糊倒入直徑6公分的矽膠模中（1）。冷凍保存。

GLAÇAGE MIROIR AU CHOCOLAT 巧克力鏡面
將吉利丁粉浸泡在50克的冷水中。將其他材料煮沸，加入浸泡後還原的吉利丁和水，接著煮沸約1分鐘。在鏡面的表面緊貼上保鮮膜，保存在3°C。在35°C時使用。

MÉTHODE DE TRAVAIL 製作程序

Tourage 折疊	為麵團排氣，在麵團中夾入折疊用奶油，進行2次雙折*（見25頁）*。
Détente 鬆弛	1°C，約45分鐘。
Préparation du pâton 麵團的製作	用壓麵機將麵團壓至4公釐的厚度，形成37×28公分的長方形。
Détente 鬆弛	冷凍約15分鐘。
Détaillage 裁切	用壓模裁出12個直徑9公分的圓，接著用直徑5公分的壓模在中央壓出洞。 將剩下的麵皮壓至1.5公釐的厚度，冷凍冷卻10分鐘，接著裁成12個直徑9公分的圓片狀（3）。
Façonnage 整形	將12個厚1.5公釐的圓形麵皮，擺在鋪有烤盤紙的烤盤上，接著再蓋上預先塗上蛋液的中空圓形麵皮（4、5）。
Dorage 表面光澤	刷上蛋液。
Apprêt 最後發酵	27°C，約2小時。
Dorage 表面光澤	刷上蛋液（6）。
Cuisson 準備烘烤	將冷凍後的柳橙蛋糊放入發酵後的麵皮中央（7）。
Cuisson 烘烤	以200°C的層爐烤箱，或以170°C的旋風烤箱烤約17分鐘。
Ressuage 冷卻散熱	放在網架上。
Finition 最後修飾	篩上糖粉（8），在中央凹陷部分填入巧克力鏡面（9），放上少許金箔裝飾（10）。

1
2
3
4
5
6
7
8
9
10

巧克力花環

COURONNE CHOCOLATÉE

3個

難度 ●●●●○ - 全部準備時間 ●●●○○ - 烘烤時間 18 分鐘

PÂTE LEVÉE FEUILLETÉE NATURE
原味千層發酵麵團

輕輕攪拌的可頌麵團 *(見34頁)*	660克
折疊用奶油 *(見18頁)*	190克

PÂTE À CROISSANT CACAO
巧克力可頌麵團

輕輕攪拌的可頌麵團 *(見34頁)*	100克
可可粉	10克
水	10克
奶油	10克

GARNITURE 配料

3.5×1.5公分的巧克力棒 *(見266頁)*	15根

FINITION 最後修飾

透明糖漿 *(見267頁)*	適量

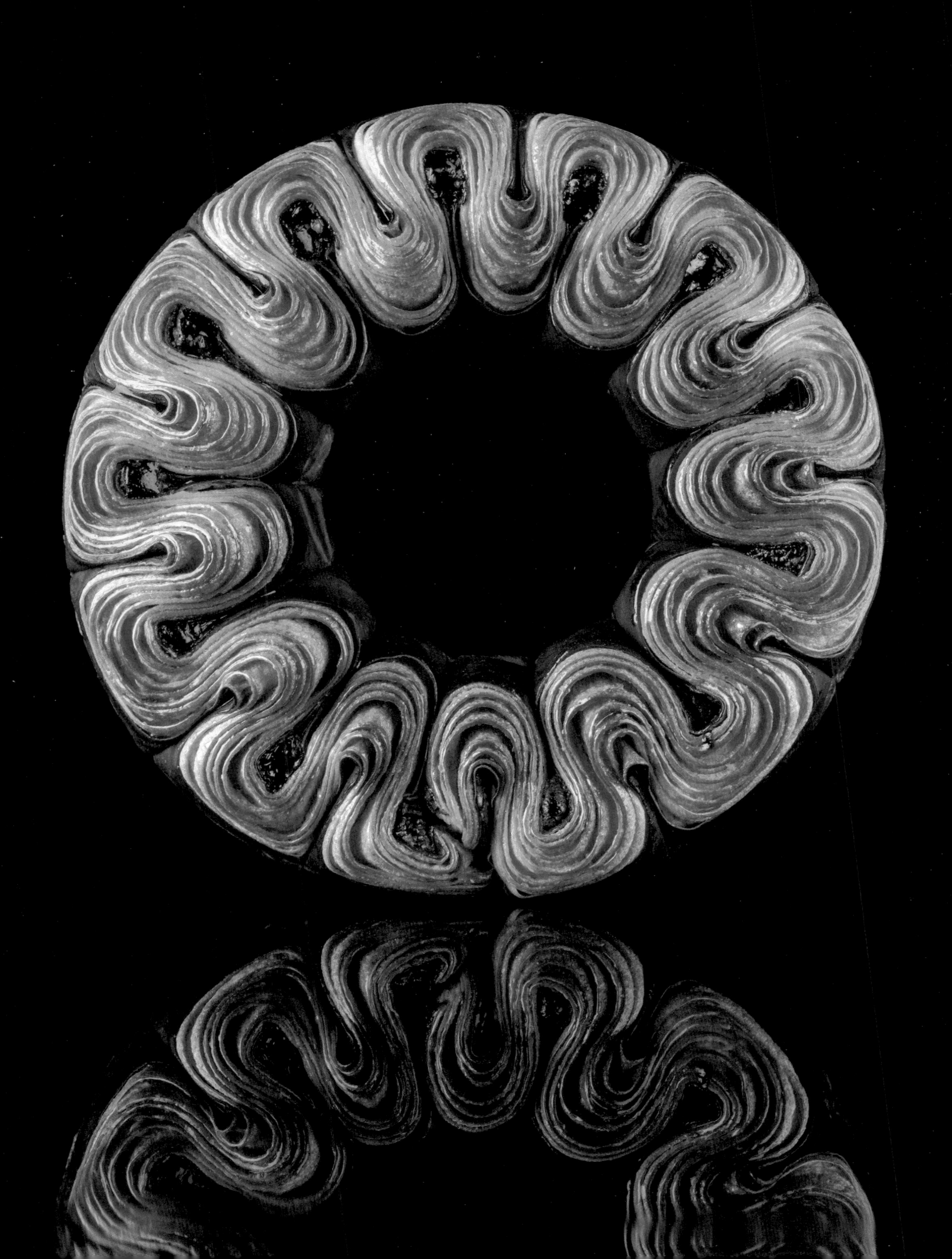

PÂTE À CROISSANT CACAO 巧克力可頌麵團

在裝有攪拌槳的電動攪拌機中，以速度1混合所有巧克力可頌麵團的材料，直到形成平滑麵團。
基本發酵，約40分鐘，接著以1°C靜置12小時。

MÉTHODE DE TRAVAIL 製作程序

Pétrissage de la pâte à croissant légèrement pétrie 輕輕攪拌的可頌麵團	以速度1，約10分鐘。
Pesage 秤重	分成660克可頌麵團1個，以及130克的巧克力麵團1個。
Mise en forme 初步整形	滾圓。
Pointage 基本發酵	約40分鐘。
Rabat 翻麵	基本發酵後20分鐘。
Mise en forme 初步整形	整形成橢圓形。
Pointage 中間發酵	冷凍約30分鐘，接著以1°C靜置12小時。
Tourage 折疊	為麵團排氣，在麵團中夾入折疊用奶油，進行1次雙折。以毛刷蘸水濕潤麵團表面，接著擺上預先擀至與麵團大小相同的巧克力可頌麵皮（**1**）。
Détente 鬆弛	1°C，約45分鐘。
Tourage 折疊	用壓麵機將麵團壓至8公釐的厚度（**2**），將麵團從長邊切半（**3**），以毛刷蘸水濕潤白色麵皮部分（**4**），相互疊合（**5**）。
Détente 鬆弛	1°C，約45分鐘。
Préparation du pâton 麵團的製作	用壓麵機將麵團壓至3公釐的厚度，形成140×12公分的長方形。
Détaillage 裁切	從長邊裁成3條長條狀（**6**）。
Façonnage 整形	將每條麵皮折成手風琴的形狀（**7**），將折好的麵皮擺在鋪有烤盤紙的烤盤上，並圍繞在直徑8公分的慕斯圈外圍（**8**）。將慕斯圈外圍的麵皮皺折分開，並在外圍擺上20公分的慕斯圈（**9**）。在每個迴圈處放入1根巧克力棒（**10**）。
Apprêt 最後發酵	27°C，約2小時。
Cuisson 烘烤	以旋風烤箱170°C烘烤約18分鐘。
Finition 最後修飾	刷上透明糖漿（**11**）。
Ressuage 冷卻散熱	放在網架上。

1
2
3
4
5
6
7
8
9
10
11

芒果帕林內湯匙

CUILLÈRE PRALINÉ MANGUE

12個

難度 ●●●●○ - 全部準備時間 ●●●●○ - 烘烤時間 15 分鐘

PÂTE LEVÉE FEUILLETÉE
千層發酵麵團

可頌麵團 *(見 34 頁)*	600克
折疊用奶油 *(見 18 頁)*	180克

CRÈME BRÛLÉE AU PRALINÉ
帕林內烤布蕾

脂肪含量 35% 的液態鮮奶油	125克
牛乳	125克
杏仁榛果帕林內（Praliné amande-noisette）	25克
蛋黃	50克
砂糖	25克

APPAREIL GÉLIFIÉ À LA MANGUE
芒果果凝

芒果泥	150克
砂糖	70克
NH 果膠	3克

FINITION 最後修飾

整顆烘烤的榛果	12顆

CRÈME BRÛLÉE AU PRALINÉ 帕林內烤布蕾

在平底深鍋中將鮮奶油、牛乳和杏仁榛果帕林內煮沸，浸泡至冷卻。

將蛋黃和糖攪拌至稍微泛白。

加入牛乳、鮮奶油和杏仁榛果帕林內的浸泡液(**1**)，緊貼覆蓋上保鮮膜以3°C靜置12小時(**2**)。

將28克的蛋奶糊倒入直徑8×4.5公分的梭形矽膠模中(**3**)，以90°C的旋風烤箱烤約45分鐘。冷凍保存。

APPAREIL GÉLIFIÉ À LA MANGUE 芒果果凝

將芒果泥稍微加熱。加入預先混合好的砂糖與果膠，接著煮沸。

倒入6×4公分的橢圓形矽膠模中，每份約16克(**4**)。冷凍保存。

MÉTHODE DE TRAVAIL 製作程序

Tourage 折疊 為麵團排氣，在麵團中夾入折疊用奶油，進行1次單折和1次雙折*(見24頁)*。

Détente 鬆弛 1°C，約45分鐘。

Détaillage 裁切 用刀和模板裁出12個湯匙狀，接著擺在預先上油的支架上(**5**、**6**)形成彎折的湯匙。

Apprêt 最後發酵 27°C，約2小時30分鐘。

Dorage 表面光澤 刷上蛋液(**7**)。

Préparation à la cuisson 準備烘烤 將1顆烘烤過的榛果壓入湯匙柄末端，輕輕將湯匙中央的麵團排氣並鑲入冷凍帕林內烤布蕾(**9**)。

Cuisson 烘烤 以旋風烤箱170°C烘烤約15分鐘。

Finition 最後修飾 出爐時，擺上冷凍的芒果果凝(**10**)。

Ressuage 冷卻散熱 擺在支架上冷卻。

1
2
3
5
6
7
8
9
10

黑醋栗千層圓頂

DÔME FEUILLETÉ AU CASSIS

12個

難度 ●●●●○ - 全部準備時間 ●●●●● - 烘烤時間 18 分鐘

PÂTE LEVÉE FEUILLETÉE 千層發酵麵團

可頌麵團 *(見 34 頁)*	720 克
折疊用奶油 *(見 18 頁)*	180 克

CRÈME AMANDE-CITRON VERT 青檸杏仁奶油醬

杏仁粉	55 克
奶油	55 克
砂糖	55 克
蛋	42 克
玉米澱粉	12 克
黑醋栗粉	3 克
青檸檬皮	1 顆

PALET GÉLIFIÉ CASSIS 黑醋栗果凝

黑醋栗果泥	80 克
砂糖	20 克
NH 果膠	1.6 克

FINITION 最後修飾

透明糖漿 *(見 267 頁)*	適量

CRÈME AMANDE-CITRON VERT 青檸杏仁奶油醬
混合所有食材，直到均勻混合（**1**）。將 17 克的奶油醬填入直徑 5 公分的矽膠模（**2**），冷凍保存。

PALET GÉLIFIÉ CASSIS 黑醋栗果凝
先混合糖和果膠，再加入黑醋栗果泥混合均勻，接著煮沸，倒入直徑 3 公分的矽膠模（**3**），接著冷凍保存。

MÉTHODE DE TRAVAIL 製作程序

Tourage 折疊 為麵團排氣，在麵團中夾入折疊用奶油，進行 2 次雙折*（見25頁）*。在進行第 2 次折疊時，請將麵團擀得大一些，形成 12×25 公分的長方形折疊麵皮（**4**）。

Détente 鬆弛 1°C，約 45 分鐘。

Préparation du pâton 麵團的製作 用壓麵機將麵團壓至 5 公釐的厚度，形成 15×55 公分的長方形。

Détente 鬆弛 冷凍約 15 分鐘。

Détaillage 裁切 裁成 12 條 1.2×52 公分的長條（**5**）。將長條末端斜切（**6**）。將剩餘的麵皮擀至 1 公釐的厚度，並在麵皮上戳洞（**7**），接著擺在抹油的烤盤紙上。

Façonnage 整形 稍微以毛刷蘸水濕潤長條狀的麵皮，接著捲起（**8**）。將麵團擺在抹油的烤墊上。
在烤墊的 4 個角落擺上高 1.9 公分的墊塊（cales），接著蓋上刷有大量油的鋁製烤盤（**9**）。

Apprêt 最後發酵 27°C，約 2 小時。

Ressuage 冷卻 1°C，約 10 分鐘。

Cuisson 準備烘烤 用直徑 8 公分的壓模從戳洞的麵皮中裁出 12 個圓（**10**）。將發酵好的麵團放入圓頂模型（**11**），接著填入冷凍的青檸杏仁奶油醬（**12**）。
覆蓋上圓形麵皮（**13**），並蓋上一張烤盤紙，再將烤盤擺在模型上。

Cuisson 烘烤 以旋風烤箱 170°C 烘烤約 18 分鐘。

Finition 最後修飾 倒扣脫模在每個圓頂麵包中央擺上 1 塊冷凍黑醋栗果凝（**14**），接著刷上透明糖漿。

Ressuage 冷卻散熱 放在網架上。

1
2
3
4
5
6
7
8
9
10
11
12
13
14

黑醋栗檸檬圓頂蛋糕

DÔME CITRON CASSIS

12個

難度 ●●●○○ - 全部準備時間 ●●●○○ - 烘烤時間 20分鐘

PÂTE À BRIOCHE NATURE

原味布里歐麵團*(見32頁)*	660克

GARNITURE 配料

冷凍黑醋栗莓果	180克
珍珠糖	72克

MACARONNADE AU CITRON
檸檬馬卡龍蛋白糊

生杏仁粉	100克
蛋白	75克
砂糖	70克
檸檬皮	1/2顆

FINITION 最後修飾

杏仁片	適量
糖粉	適量

MACARONNADE AU CITRON 檸檬馬卡龍蛋白糊
混合所有食材（1），保存在3℃。

PRÉPARATION DES CERCLES DE CUISSON
準備慕斯圈
為直徑7公分且高6公分的慕斯圈內側刷上奶油，並鋪上杏仁片（2）。

MÉTHODE DE TRAVAIL 製作程序

Pesage 秤重	分割為每個55克的麵團，共12個。
Mise en forme 初步整形	滾圓。
Détente 鬆弛	室溫，約45分鐘。
Façonnage 整形	用擀麵棍擀成9公分的圓餅狀。在每片圓餅麵皮上鋪15克的冷凍黑醋栗漿果和6克的珍珠糖（3）。 滾圓，同時讓配料均勻分布在麵團中（4、5、6）。烤盤上鋪烤盤紙，放上慕斯圈再將麵團擺入（7）。
Apprêt 最後發酵	27℃，3小時。
Finition 最後修飾	將檸檬馬卡龍蛋白糊鋪在麵團表面（8），接著撒上杏仁片（9）並篩上糖粉（10）。
Cuisson 烘烤	以180℃的層爐烤箱，或145℃的旋風烤箱，烤約20分鐘。
Ressuage 冷卻散熱	放在網架上。

1
2
3
4
5
6
7
8
9
10

開心果覆盆子圓頂

DÔME FRAMBOISE PISTACHE

12個

難度 ●●●●○ - 全部準備時間 ●●●●● - 烘烤時間 12 分鐘

PÂTE À BRIOCHE AU CURCUMA
薑黃布里歐麵團

布里歐麵團（*見32頁*）	600克
薑黃粉	3克

APPAREIL GÉLIFIÉ À LA FRAMBOISE 覆盆子果凝

覆盆子果泥	200克
砂糖	120克
NH果膠	4克

CAKE PISTACHE-FRAMBOISE
開心果覆盆子蛋糕

冷的融化奶油	60克
砂糖	60克
蛋	80克
T55 麵粉	60克
泡打粉（poudre à lever）	1克
開心果醬	40克

PÂTE À CIGARETTE NATURE
原味煙捲麵糊

室溫下的蛋白	150克
砂糖	130克
T55 麵粉	80克
冷的融化奶油	80克

PÂTE À CIGARETTE PISTACHE
開心果煙捲麵糊

原味煙捲麵糊	100克
開心果醬	50克

FINITION 最後修飾

無味透明鏡面果膠（Nappage neutre）	適量
去皮切碎開心果	50克

PÂTE À BRIOCHE AU CURCUMA 薑黃布里歐麵團

在裝有攪麵鉤（crochet）的電動攪拌機的攪拌缸中，以1速僅攪拌布里歐麵團和薑黃粉，直到形成顏色均勻的麵團。

進行基本發酵，約30分鐘。

輕輕翻麵，接著以3°C發酵12小時。

APPAREIL GÉLIFIÉ À LA FRAMBOISE 覆盆子果凝

先混合糖和果膠。將覆盆子泥稍微加熱，加入糖和果膠的混料（1），接著煮沸。填入擠花袋，保存在3°C。

CAKE PISTACHE-FRAMBOISE 開心果覆盆子蛋糕

用裝有攪拌槳的電動攪拌機，將奶油和糖稍微攪打至泛白，接著加入蛋。

輕輕混入預先過篩的粉狀混料。混入開心果醬，攪拌至形成均勻麵糊（2）。

將25克的麵糊擠在直徑6公分的矽膠模中（3）。在中央擠上1圈覆盆子果凝（4）。

以150°C的旋風烤箱烤13分鐘。脫模冷卻後冷凍保存。

PÂTE À CIGARETTE 煙捲麵糊

混合室溫下的蛋白和糖。加入麵粉，接著是冷的融化奶油，接著攪拌。

取100克的原味煙捲麵糊，加入50克的開心果醬（5）。

在無邊的鋁製烤盤上放稍微上油的烤盤墊，接著在表面放上三葉草模板。

將開心果煙捲麵糊鋪在三葉草模板上（6）抹平，接著輕輕將模板取下（7）。

冷凍保存1小時。

再將原味煙捲麵糊鋪在冷凍後的三葉草麵糊上（8），以150°C的旋風烤箱烤7分鐘。冷卻後裁成12條2.5×28公分的長條（9）。

在直徑9.5公分的半球圓錐形矽膠模底部，將烤好的長條蛋糕片圍起，每個模型用4根牙籤固定（10）。

MÉTHODE DE TRAVAIL 製作程序

Pesage 秤重	分割為每個50克的麵團，共12個。
Détente 鬆弛	在室溫下約20分鐘。
Mise en forme 初步整形	輕輕滾圓。
Détente 鬆弛	3°C，約45分鐘。
Façonnage 整形	用擀麵棍將麵團擀成直徑10公分的圓餅狀。稍微以毛刷蘸水濕潤圓餅周圍，在每個圓餅中央擺上1個冷凍開心果覆盆子蛋糕（11）。 將包好的蛋糕放入先前準備好，直徑9.5公分的半球圓錐形矽膠模中（12）。
Apprêt 最後發酵	27°C，約2小時30分鐘。
Cuisson 烘烤	將牙籤取下，在麵包上方蓋一張微孔矽膠烤墊（13）和一個網架，以150°C的旋風烤箱烤約12分鐘。
Ressuage 冷卻散熱	放在網架上。
Finition 最後修飾	刷上無味透明鏡面果膠，撒上碎開心果，接著在中央填入覆盆子果凝（14）。

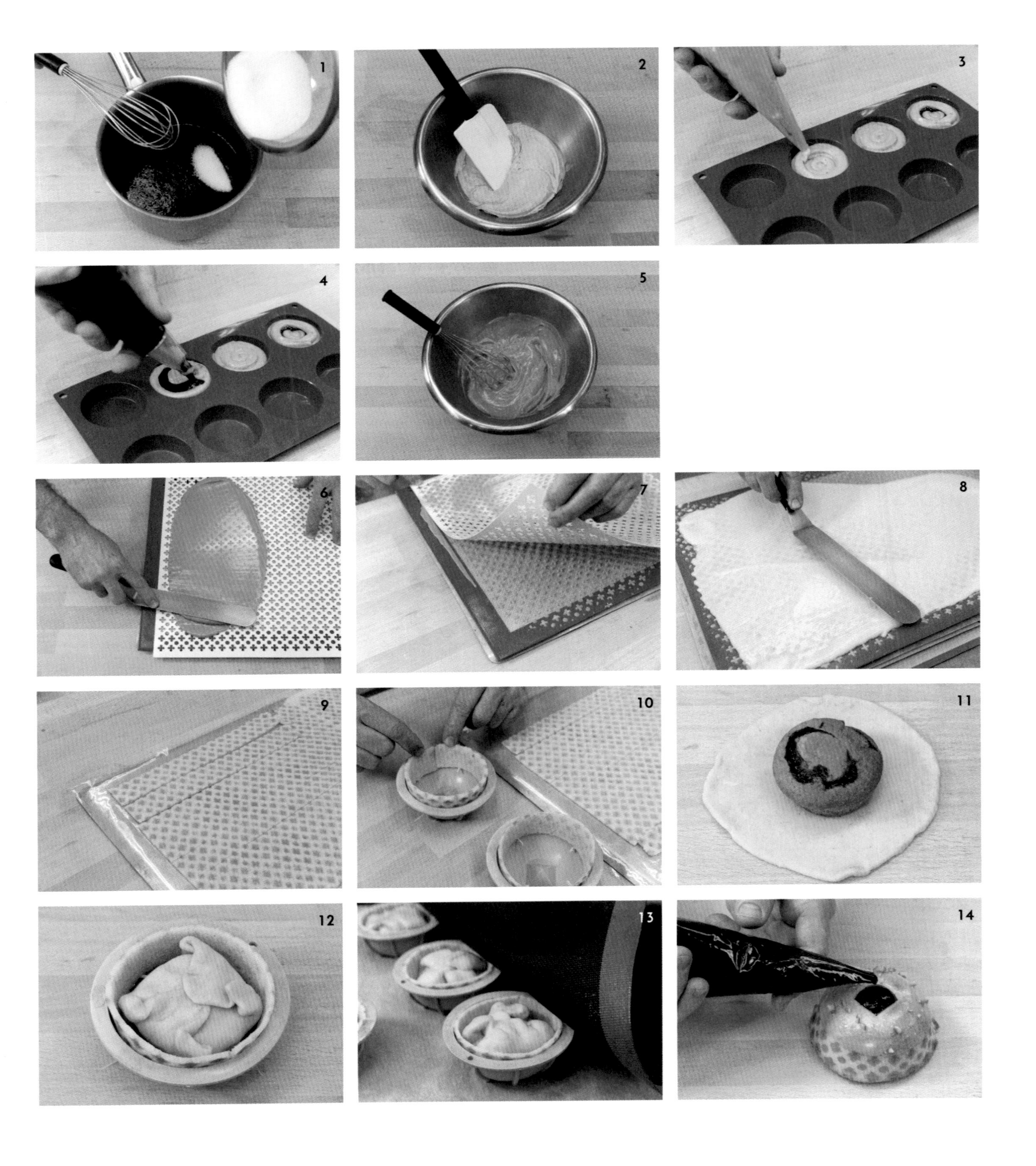
1
2
3
4
5
6
7
8
9
10
11
12
13
14

雙色閃電泡芙

ÉCLAIR BICOLORE

12個

難度 ●●●●○ - 全部準備時間 ●●●●● - 烘烤時間 14分鐘

PÂTE À BRIOCHE NATURE

原味布里歐麵團 *(見32頁)*	800克

FINANCIER PISTACHE-MYRTILLE 開心果藍莓費南雪

杏仁粉	40克
糖粉	32克
蛋白	30克
T55麵粉	12克
融化奶油	24克
開心果醬	18克
藍莓乾	90克

PÂTE À CIGARETTE 煙捲麵糊

糖粉	54克
室溫下的蛋白	56克
玉米澱粉	36克
T55麵粉	36克
膏狀奶油	27克
開心果醬	20克
藍莓粉	10克

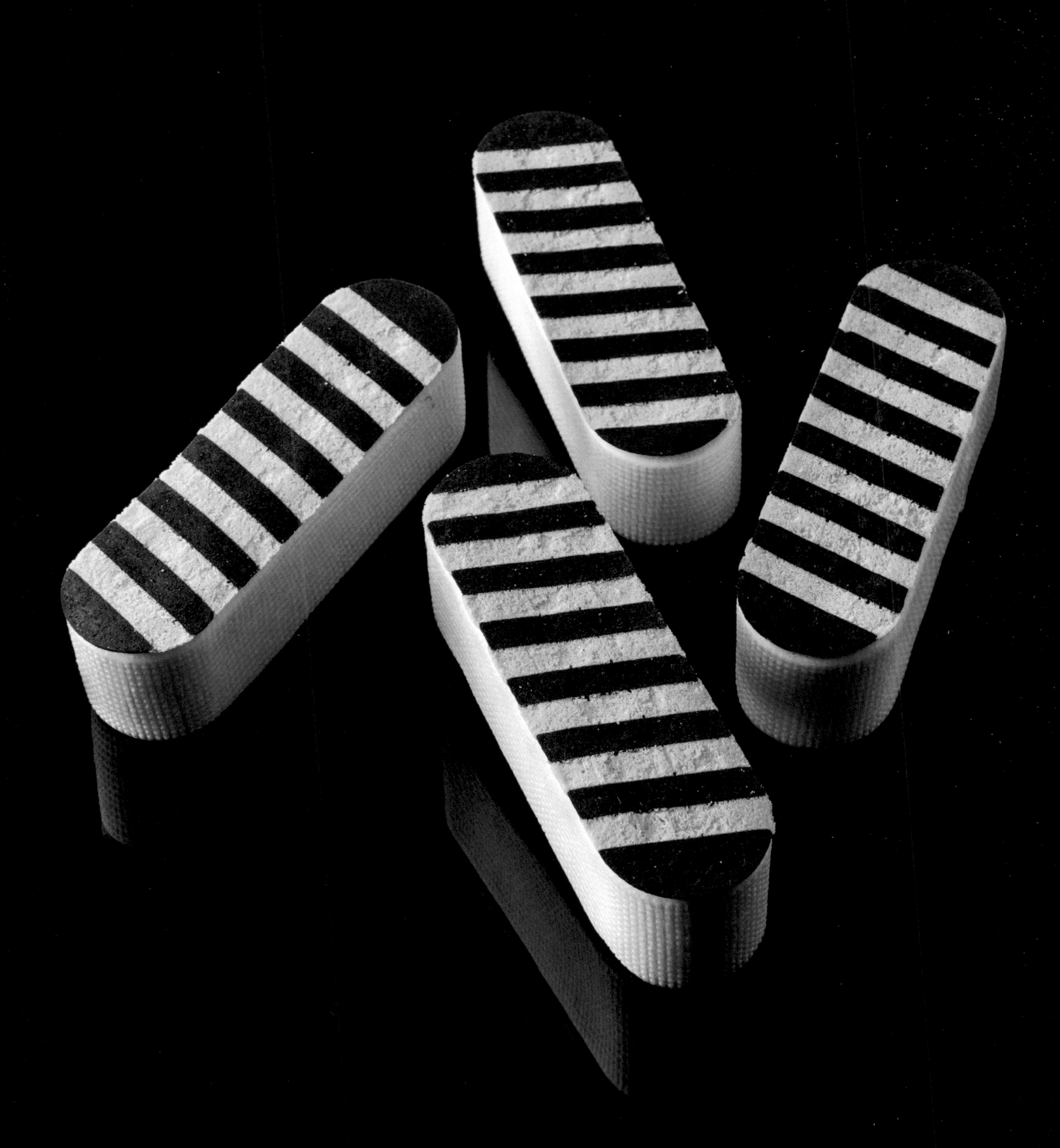

FINANCIER PISTACHE-MYRTILLE 開心果藍莓費南雪
混合藍莓乾以外的所有材料。倒入9×2公分的矽膠模，將藍莓乾擺在表面（1）。以150°C的旋風烤箱烤8分鐘。冷凍保存。

PÂTE À CIGARETTE 煙捲麵糊
混合開心果醬和藍莓粉以外的所有材料。
取40克的原味麵糊，加入10克的藍莓粉，混合均勻後預留備用。
在剩餘的原味麵糊中加入20克的開心果醬，攪拌後保存在擠花袋中。
用抹刀將藍莓煙捲麵糊鋪在有橫紋模板的烤盤墊上（2）取下，接著以橢圓形模板覆蓋上開心果麵糊（3）。
以150°C的旋風烤箱烤4分鐘。冷凍保存。

MÉTHODE DE TRAVAIL 製作程序

Pesage 秤重 分割為550克的麵團1個，和250克的麵團1個（4）。

Préparation du pâton 麵團的製作 用壓麵機將550克的麵團壓至形成47×33公分的長方形，接著將250克的麵團壓至形成18×44公分的長方形。

Détente 鬆弛 冷凍約15分鐘。

Détaillage 裁切 將550克的麵團裁成10條3.9×33公分的長條（5），接著將250克的麵團裁成6×11公分的長方形（6）。

Façonnage 整形 在每塊長方形麵皮中央放冷凍的開心果藍莓費南雪，向外捲起（7），接著擺在烤盤墊（8）上。
將3.9×33公分的長條麵皮放在微孔烤盤墊上（9）。

Apprêt 最後發酵 27°C，約2小時30分鐘。

Ressuage 冷卻 3°C，約20分鐘。

Cuisson 準備烘烤 將長條麵皮放進模型中（10）內緣，接著放入開心果藍莓麵團（11），再將雙色的冷凍煙捲蛋糕擺在表面（12）。

Cuisson 烘烤 蓋上烤盤紙，接著放上盛裝了鹽的烤盤（plaque à rebord）（13），放入旋風烤箱，以140°C烘烤約14分鐘。

Ressuage 冷卻散熱 放在網架上。

1
2
3
4
5
6
7
8
9
10
11
12
13

三色火焰

FEU TRICOLORE

12個

難度 ●●●○○ - 全部準備時間 ●●●●○ - 烘烤時間 17 分鐘

PÂTE LEVÉE FEUILLETÉE
千層發酵麵團

可頌麵團*(見34頁)*	720克
折疊用奶油*(見18頁)*	180克

CRÈME BRÛLÉE À LA PISTACHE
開心果烤布蕾

牛乳	30克
脂肪含量35%的液態鮮奶油	30克
蛋黃	18克
砂糖	12克
開心果醬	6克

PALET GÉLIFIÉ À LA FRAMBOISE
覆盆子果凝

覆盆子果泥	144克
砂糖	42克
325 NH 95 果膠	2.5克
黃原膠(Gomme de xanthane)	1克

MINI OREILLONS D'ABRICOT
迷你杏桃果瓣

糖漬杏桃	6顆

Finition 最後修飾

透明糖漿*(見267頁)*	適量

CRÈME BRÛLÉE À LA PISTACHE
開心果烤布蕾
混合蛋黃、糖和開心果醬，接著加入牛乳和鮮奶油。以3°C靜置12小時，接著倒入直徑3公分的半球形矽膠模（1）。以90°C的旋風烤箱烤約45分鐘。冷凍保存。

PALET GÉLIFIÉ À LA FRAMBOISE
覆盆子果凝
混合糖、果膠和黃原膠。將覆盆子果泥煮沸，加入混合好的糖與果膠，煮1分鐘（2）。將果凝倒入直徑4公分的矽膠模中（3）。冷凍保存。

MINI OREILLONS D'ABRICOT
迷你杏桃果瓣
用20公釐的圓口花嘴，裁切成迷你杏桃（4）。

MÉTHODE DE TRAVAIL 製作程序

Tourage 折疊	為麵團排氣。在麵團中夾入折疊用奶油。進行2次雙折*（見25頁）*。
Détente 鬆弛	1°C，約45分鐘。
Préparation du pâton 麵團的製作	用壓麵機將麵團壓至4公釐的厚度，形成42×28公分的長方形。
Détente 鬆弛	冷凍約15分鐘。
Détaillage 裁切	用「三色火焰」壓模（5）壓切成12片，接著擺在鋪有烤盤紙的烤盤上。
Apprêt 最後發酵	27°C，約2小時。
Dorage 表面光澤	刷上蛋液。
Cuisson 準備烘烤	以指腹將準備擺放配料的部分輕輕排氣。鑲嵌杏桃（6）、冷凍開心果烤布蕾（7）和冷凍覆盆子果凝（8）。
Cuisson 烘烤	以200°C的層爐烤箱，或以170°C的旋風烤箱烤約17分鐘。
Finition 最後修飾	刷上透明糖漿。
Ressuage 冷卻散熱	放在網架上。

1
2
3
4
5
6
7
8

黑醋栗檸檬花

FLEUR CASSIS CITRON

3個

難度 ●●●●● - 全部準備時間 ●●●●● - 烘烤時間 25 分鐘

PÂTE À BRIOCHE NATURE

原味布里歐麵團 *(見 32 頁)*	450 克

PÂTE À BRIOCHE VIOLETTE
紫布里歐麵團

布里歐麵團 *(見 32 頁)*	180 克
藍莓粉	13 克
水	13 克

PÂTE D'AMANDE-CASSIS
黑醋栗杏仁膏

50% 杏仁膏	225 克
蛋白	12 克
黑醋栗果泥	63 克

CRÈME CITRON 檸檬醬

黃檸檬汁	45 克
牛乳	21 克
奶油	6 克
蛋	21 克
砂糖	30 克
卡士達粉（Poudre à crème）	6 克
黃色果膠	4 克
酥脆薄片（Feuilletine）	適量

Finition 最後修飾

透明糖漿 *（Sirop neutre，見 267 頁）*	適量

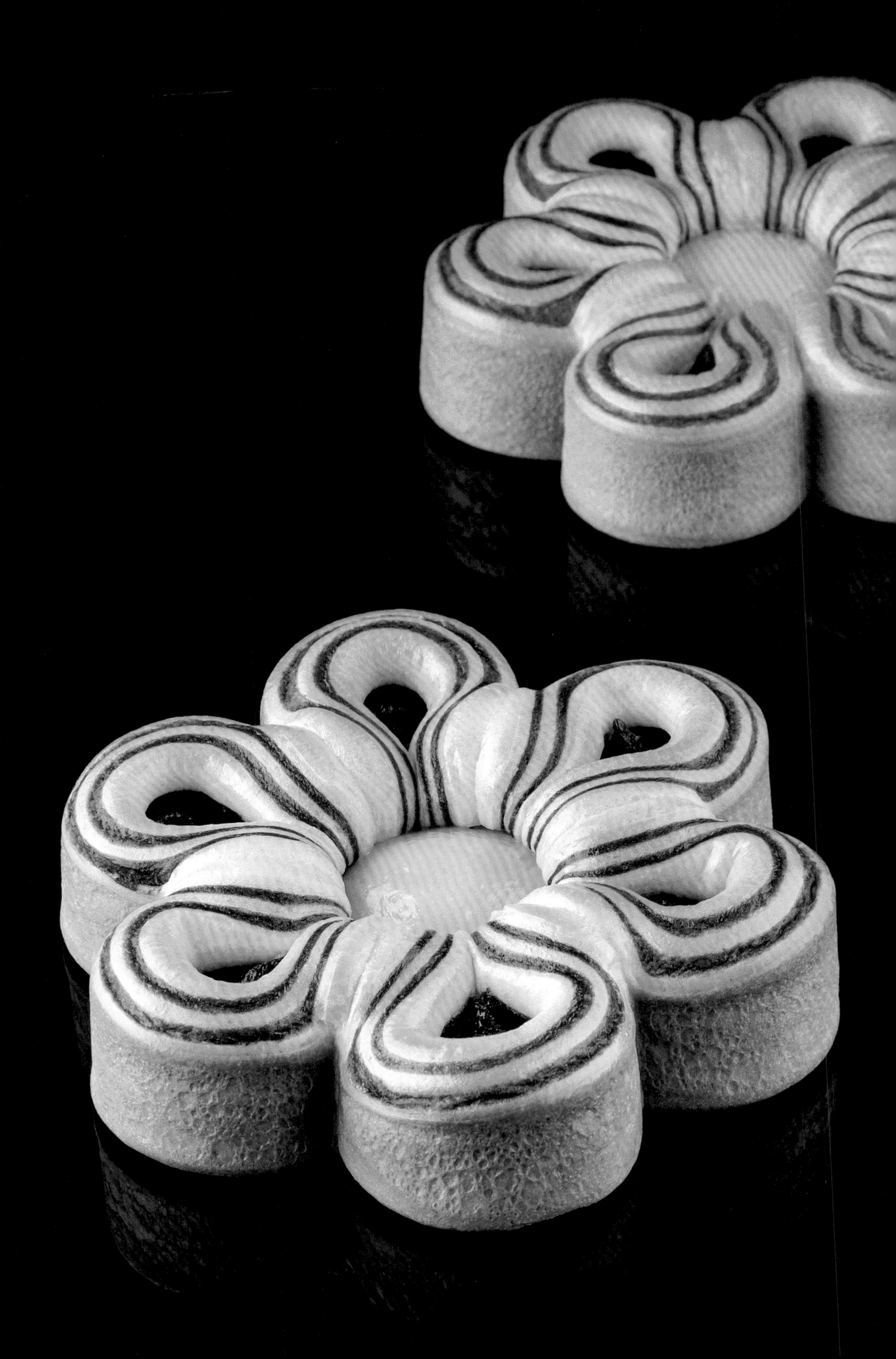

PÂTE À BRIOCHE VIOLETTE 紫布里歐麵團

在裝有攪拌槳的電動攪拌機中，以速度1攪拌布里歐麵團、混合好的藍莓粉和水，直到形成均勻麵團。進行基本發酵，約30分鐘。

輕輕翻麵，接著以3°C靜置發酵12小時。

PÂTE D'AMANDE-CASSIS 黑醋栗杏仁膏

在裝有攪拌槳的電動攪拌機中，將杏仁膏和蛋白攪打至軟化。加入黑醋栗果泥，攪拌至形成均勻麵糊。填入擠花袋，保存在3°C。

CRÈME CITRON 檸檬醬

將檸檬汁、牛乳和奶油以平底深鍋加熱。將酥脆薄片以外的剩餘材料攪拌至泛白，將液體材料倒入混合，倒回平底深鍋煮沸1分鐘（**1**）。

將檸檬醬填入直徑5公分的半球形矽膠模（**2**），接著撒上酥脆薄片（**3**）。冷凍保存。

MÉTHODE DE TRAVAIL 製作程序

Pesage 秤重 分割出 210克的原味布里歐麵團1個，和120的原味布里歐麵團2個，接著是100克的紫布里歐麵團2個。

Détente 鬆弛 冷凍約10分鐘。

Préparation du pâton 麵團的製作 用擀麵棍將麵團分別擀成18×12公分的長方形（**4**）。

Détente 鬆弛 冷凍約15分鐘。

Montage 組裝 以毛刷蘸水濕潤5個麵團並疊合，先從210克的原味布里歐麵團開始，再交錯疊上原味麵團和紫布里歐麵團（**5**、**6**）。

Préparation du pâton 麵團的製作 用壓麵機將麵團壓至形成42×16公分的長方形。

Détente 鬆弛 冷凍約15分鐘。

Détaillage 裁切 裁成18條2.5×16公分的長條（**7**）。

Façonnage 整形 以毛刷蘸水濕潤長條麵團的上端，折起，以形成小花瓣（**8**）。
在鋪有烤盤紙的烤盤上擺入6個花瓣，切面朝下，形成花朵（**9**）。
在布里歐周圍擺上花形的慕斯圈，為每片花瓣擠入15克的黑醋栗杏仁膏（**10**）。

Apprêt 最後發酵 以27°C進行最後發酵，約2小時。

Préparation du pâton 麵團的製作 將冷凍的檸檬醬圓頂擺在花朵中央（**11**）。

Cuisson 烘烤 蓋上烤盤紙，接著壓上鋪了鹽的高邊烤盤（plaque à rebord）（**12**），放入旋風烤箱，以150°C烘烤約25分鐘。

Finition 最後修飾 刷上透明糖漿（**13**）。

Ressuage 冷卻散熱 放在網架上。

1
2
3
4
5
6
7
8
9
10
11
12
13

開心果櫻桃花

FLEUR CERISE PISTACHE

12個

難度 ●●●●○ - 全部準備時間 ●●●●○ - 烘烤時間 16分鐘

PÂTE LEVÉE FEUILLETÉE 千層發酵麵團

可頌麵團 *(見34頁)*	780克
折疊用奶油 *(見18頁)*	190克

CRÈME BRÛLÉE PISTACHE 開心果烤布蕾

脂肪含量35%的液態鮮奶油	116克
蛋黃	34克
糖粉	24克
開心果醬	12克

CRÈME CERISE 櫻桃醬

櫻桃果泥	200克
砂糖	50克
玉米澱粉	8克

Finition 最後修飾

透明糖漿 *(見267頁)*	適量
切碎開心果	適量

CRÈME BRÛLÉE PISTACHE 開心果烤布蕾

混合蛋黃、糖粉和開心果醬，接著加入液態鮮奶油。將15克蛋糊倒入直徑6公分的矽膠模中（1），接著以90°C的旋風烤箱烤約45分鐘。
保存至添加櫻桃醬的時候。

CRÈME CERISE 櫻桃醬

先混合糖和澱粉。不加熱地混合櫻桃果泥、砂糖和玉米澱粉，接著煮沸。在每個烤好的布蕾上擠入20克的櫻桃醬（2），接著冷凍保存。

MÉTHODE DE TRAVAIL 製作程序

Tourage 折疊 為麵團排氣。在麵團中夾入折疊用奶油。進行2次雙折*(見25頁)*。

Détente 鬆弛 在1°C的環境下，約45分鐘。

Préparation du pâton 麵團的製作 用壓麵機將麵團壓至4.5公釐的厚度，形成43×32公分的長方形。

Détente 鬆弛 冷凍約15分鐘。

Détaillage 裁切 用直徑10.5公分的花形壓模裁成12片（**3**），接著用2個水滴狀壓模將花朵挖空（**4**）。
將裁掉的麵團碎料整合成團，擀壓至1公釐的厚度，冷凍冷卻10分鐘，接著裁成12朵花。

Façonnage 整形 在每朵鏤空的花上擺上圓餅狀冷凍的櫻桃開心果烤布蕾（櫻桃醬朝下），接著蓋上濕潤的花形薄麵皮（**5**）。
將花朵輕輕翻面，用圓形壓模輕壓密合四周（**6**），接著擺在鋪有烤盤紙的烤盤上。

Apprêt 最後發酵 在27°C的環境下，約2小時。

Dorage 表面光澤 刷上蛋液（**7**）。

Cuisson 烘烤 以旋風烤箱170°C烘烤約16分鐘。

Finition 最後修飾 刷上透明糖漿，接著在中央撒上切碎的開心果（**8**）。

Ressuage 冷卻散熱 放在網架上。

1
2
3
4
5
6
7
8

藍莓花

FLEUR DE MYRTILLE

12個

難度 ●●●○○ - 全部準備時間 ●●●●○ - 烘烤時間 22 分鐘

PÂTE LEVÉE FEUILLETÉE NATURE
原味千層發酵麵團

可頌麵團 *(見 34 頁)*	400克
折疊用奶油 *(見 18 頁)*	150克

PÂTE À CROISSANT CACAO
巧克力可頌麵團

可頌麵團 *(見 34 頁)*	90克
可可粉	7克
奶油	3.5克
水	3.5克

APPAREIL AMANDE, MYRTILLE, ABRICOT
杏仁藍莓糊與杏桃

50% 杏仁膏	250克
藍莓果泥	50克
糖漬杏桃（Abricots au sirop）	12片

Finition 最後修飾

無味透明鏡面果膠（Nappage neutre）	適量

PÂTE À CROISSANT CACAO 巧克力可頌麵團

在裝有攪拌槳的電動攪拌機中，以速度1攪拌所有巧克力可頌麵團的材料，直到形成平滑麵團。
基本發酵約40分鐘，接著以1°C靜置12小時。

APPAREIL AMANDE, MYRTILLE, ABRICOT 杏仁藍莓糊與杏桃

在裝有攪拌槳的電動攪拌機中，將杏仁膏和藍莓果泥攪拌至均勻。
將25克的杏仁藍莓糊擠入直徑5公分的半球形矽膠模中（1）。
用3公分的正方形壓模，將糖漬杏桃裁成方塊。
在每個半球中央插入1塊杏桃方塊（2）。冷凍保存。

MÉTHODE DE TRAVAIL 製作程序

Tourage 折疊 為麵團排氣。在麵團中夾入折疊用奶油。進行1次單折和1次雙折*（見24頁）*。
以毛刷蘸水濕潤麵團表面（3），接著擺上預先擀至與折疊麵團相等大小的巧克力可頌麵團（4）。

Détente 鬆弛 1°C，約45分鐘。

Préparation du pâton 製作麵團 用壓麵機將麵團壓至3公釐的厚度，形成35×30公分的長方形。

Façonnage 整形 以毛刷蘸水濕潤白色原味麵團的表面，中間部分除外（5）。將麵皮捲起（6），先捲一側，再捲另一側，形成眼鏡形（7）。用保鮮膜將麵捲包好。

Détente 鬆弛 冷凍約15分鐘。

Détaillage 裁切 裁成12個眼鏡形。將每個眼鏡切半，並在中央預留1公分不要切斷，以形成花形（8、9）。擺入直徑10公分且預先刷上油的不鏽鋼半球形鋼盆中（10）。

Apprêt 最後發酵 27°C，約2小時30分鐘。

Dorage 表面光澤 刷上蛋液。

Cuisson 準備烘烤 在每朵花中央擺上1個冷凍的杏仁藍莓糊與杏桃（11）。

Cuisson 烘烤 用旋風烤箱以160°C烘烤約22分鐘。

Ressuage 冷卻散熱 在模型中冷卻。

Finition 最後修飾 刷上透明鏡面果膠（12、13）。

1
2
3
4
5
6
7
8
9
10
11
12
13

千層月

LUNE FEUILLETÉE

12個

難度 ●●●●○ - 全部準備時間 ●●●●○ - 烘烤時間 15 分鐘

PÂTE LEVÉE FEUILLETÉE 千層發酵麵團

輕輕攪拌的可頌麵團 *(見 34 頁)*	640 克
折疊用奶油 *(見 18 頁)*	160 克

GARNITURE 配料

香草卡士達醬 *(見 267 頁)*	195 克

CRÈME FRAMBOISE 覆盆子醬

覆盆子果泥	80 克
砂糖	40 克
玉米澱粉	8 克
黃色果膠	3 克

Finition 最後修飾

透明糖漿 *(見 267 頁)*	適量

CRÈME FRAMBOISE 覆盆子醬

先混合糖、澱粉和黃色果膠。

不加熱地混合覆盆子果泥和其他材料，接著煮沸。填入擠花袋，保存在3°C。

MÉTHODE DE TRAVAIL 製作程序

Pétrissage de la pâte à croissant légèrement pétrie 輕輕攪拌的可頌麵團	速度1，約10分鐘。
Mise en forme 初步整形	滾圓。
Pointage 基本發酵	約40分鐘。
Rabat 翻麵	基本發酵後20分鐘。
Mise en forme 初步整形	整形成橢圓形。
Pointage 基本發酵	冷凍約30分鐘，接著以1°C靜置12小時。
Tourage 折疊	為麵團排氣。在麵團中夾入折疊用奶油。進行1次單折和1次雙折*(見24頁)*。
Détente 鬆弛	1°C，約45分鐘。
Préparation du pâton 麵團的製作	用壓麵機將麵團壓至2.5公釐的厚度，形成44×41公分的長方形。
Détente 鬆弛	冷凍約15分鐘。
Détaillage 裁切	裁成12條3.4×44公分的長條（**1**）。
Façonnage 整形	以毛刷蘸水濕潤麵皮（**2**），接著折成4個環形（**3**）。將折好的麵皮放入「月亮」形狀的模型中（**4**），接著為每個環形麵皮中空處擠入16克的卡士達醬（**5**）。
Apprêt 最後發酵	27°C，約2小時。
Cuisson 準備烘烤	在中空處填入覆盆子醬（**6**）。
Cuisson 烘烤	以旋風烤箱170°C烘烤約15分鐘。
Finition 最後修飾	刷上透明糖漿（**7**）。
Ressuage 冷卻散熱	放在網架上。

1

2

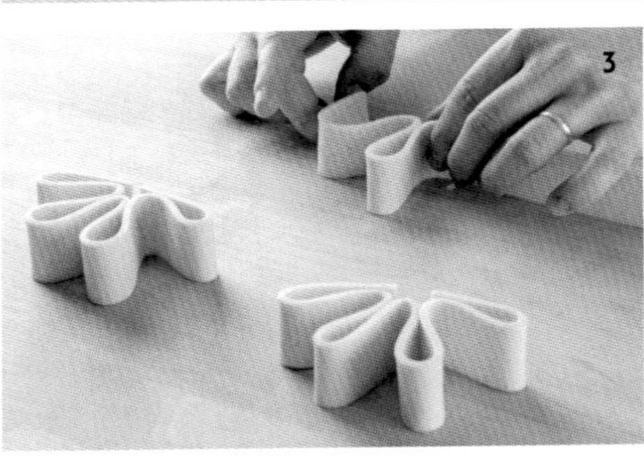
3

4

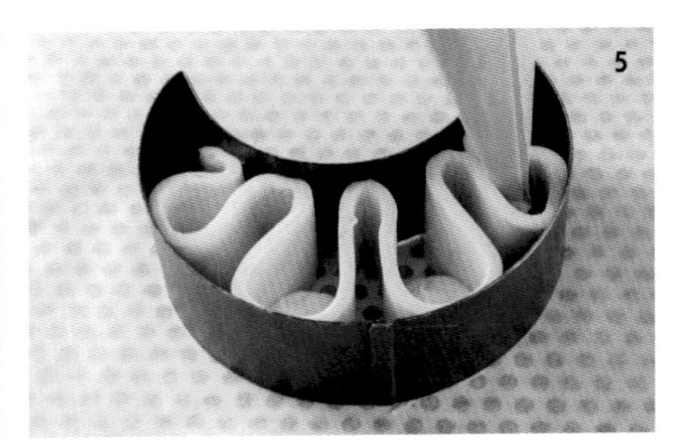
5

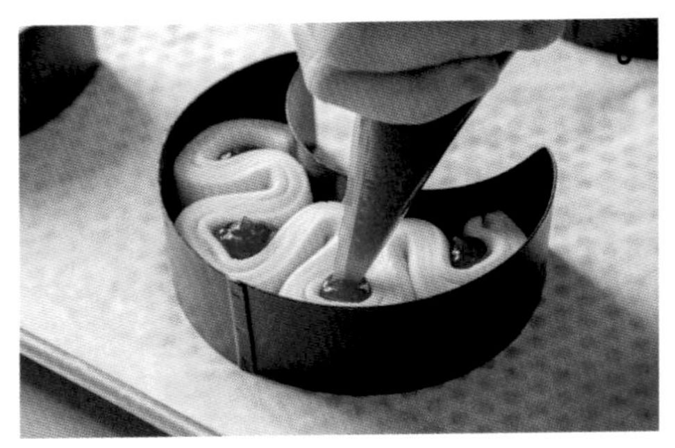

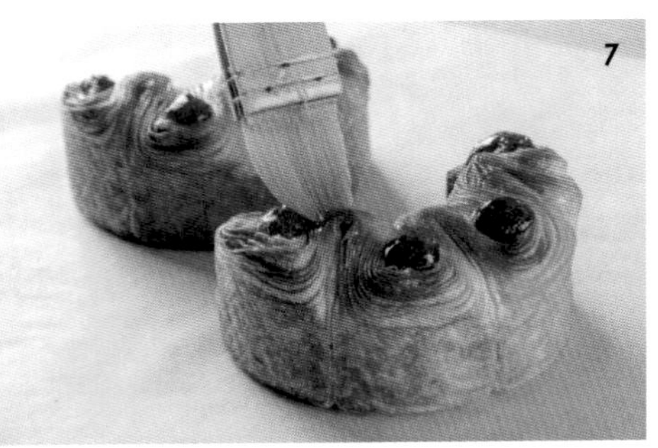
7

紅莓果巢

NID AUX FRUITS ROUGES

12個

難度 ●●●●○ - 全部準備時間 ●●●●○ - 烘烤時間 15 分鐘

PÂTE À BRIOCHE NATURE

布里歐麵團*(見32頁)*	600克

CRÈME BRÛLÉE AU MIEL
蜂蜜烤布蕾

牛乳	110克
脂肪含量35%的液態鮮奶油	110克
蛋黃	60克
山楂蜂蜜(Miel d'aubépine)	50克

PALET GÉLIFIÉ AUX FRUITS ROUGES
紅莓果凝

冷凍紅醋栗	110克
冷凍藍莓	110克
砂糖	80克
NH果膠	2.5克

Finition 最後修飾

藍莓	適量
紅醋栗	適量
無味透明鏡面果膠(Nappage neutre)	適量

CRÈME BRÛLÉE AU MIEL 蜂蜜烤布蕾

混合蛋黃和蜂蜜，接著加入牛乳和鮮奶油。
以3°C靜置12小時，接著倒入直徑6公分的矽膠模（1）。
以90°C的旋風烤箱烤約45分鐘。冷凍保存。

PALET GÉLIFIÉ AUX FRUITS ROUGES 紅莓果凝

混合糖和果膠。在平底深鍋中，以中火煮紅醋栗和藍莓約3分鐘，接著加入混合好的糖和果膠。以中火煮約1分鐘，倒入直徑6公分的矽膠模中（2）。冷凍保存。

MÉTHODE DE TRAVAIL 製作程序

Pesage 秤重	分割成50克的麵團12個。
Mise en forme 初步整形	輕輕滾圓。
Détente 鬆弛	3°C，約45分鐘。
Préparation du pâton 麵團的製作	擀成直徑約8公分的圓餅狀（3）。用擀麵棍將圓餅中央壓出凹洞（4）。
Façonnage 整形	在每個直徑12公分且預先上油的僧侶布里歐模型底部，放上1塊冷凍的蜂蜜烤布蕾（5），蓋上1塊布里歐麵團，貼合模型（6）。
Apprêt 最後發酵	27°C，約2小時。
Cuisson 烘烤	以180°C的層爐烤箱，或145°C的旋風烤箱，烤約15分鐘。
Finition 最後修飾	脫模，趁熱在每個烤布蕾上擺上1塊冷凍紅莓果凝（7）。
Ressuage 冷卻散熱	放在網架上。
Finition 最後修飾	刷上鏡面果膠（8）。用1顆藍莓和幾顆紅醋栗裝飾。

咖啡時光

PAUSE CAFÉ

12個

難度 ●●●●○ - 全部準備時間 ●●●●○ - 烘烤時間 15 分鐘

PÂTE À BRIOCHE NATURE

布里歐麵團*(見32頁)*	660克

CRÈME PÂTISSIÈRE À LA BADIANE
八角卡士達醬

牛乳	100克
砂糖	25克
蛋黃	18克
卡士達粉	4克
可可粉	4克
八角粉	1克

CRÈME BRÛLÉE AU CAFÉ
咖啡烤布蕾

脂肪含量35%的液態鮮奶油	240克
咖啡豆	24克
蛋黃	72克
砂糖	48克

PÂTE À CIGARETTE 煙捲麵糊

膏狀奶油	50克
糖粉	50克
室溫的蛋白	50克
可可粉	30克
T55麵粉	30克

CRÈME PÂTISSIÈRE À LA BADIANE
八角卡士達醬
混合糖、蛋黃、卡士達粉、可可和八角粉。加入牛乳並拌匀，微波加熱約2分鐘。用打蛋器攪拌，以冷卻降溫機(cellule de refroidissement)冷卻。保存在3°C。用裝有D6星形花嘴的擠花袋，在直徑6公分的矽膠模中擠入星形的八角卡士達醬(**1**)。

CRÈME BRÛLÉE AU CAFÉ 咖啡烤布蕾
在平底深鍋中加熱鮮奶油和咖啡，浸泡15分鐘。過濾。
混合蛋黃和糖，接著倒入浸泡好的的鮮奶油。以3°C靜置12小時。
倒入同樣的矽膠模中，星形的八角卡士達醬上(**2**)。
以90°C的旋風烤箱烤約45分鐘。冷凍保存。

PÂTE À CIGARETTE 煙捲麵糊
混合膏狀奶油和糖粉，加入室溫的蛋白，接著是可可粉和麵粉。在直徑10公分的塔圈內圍鋪入希臘回紋的浮雕墊，均匀的抹入煙捲麵糊(**3**)。

MÉTHODE DE TRAVAIL 製作程序

Pesage 秤重	分割出55克的麵團12個。
Mise en forme 初步整形	輕輕滾圓。
Détente 鬆弛	3°C，約30分鐘。
Façonnage 整形	用擀麵棍將麵團擀成直徑8公分的圓餅狀(**4**)，接著將圓餅的中央壓出凹洞(**5**)。 擺在塔圈中(**6**)。
Apprêt 最後發酵	27°C，約2小時。
Dorage 表面光澤	刷上蛋液。
Cuisson 準備烘烤	塞入脫模的冷凍烤布蕾(**7**、**8**)。
Cuisson 烘烤	以180°C的層爐烤箱，或145°C的旋風烤箱，烤約15分鐘。
Ressuage 冷卻散熱	放在網架上。

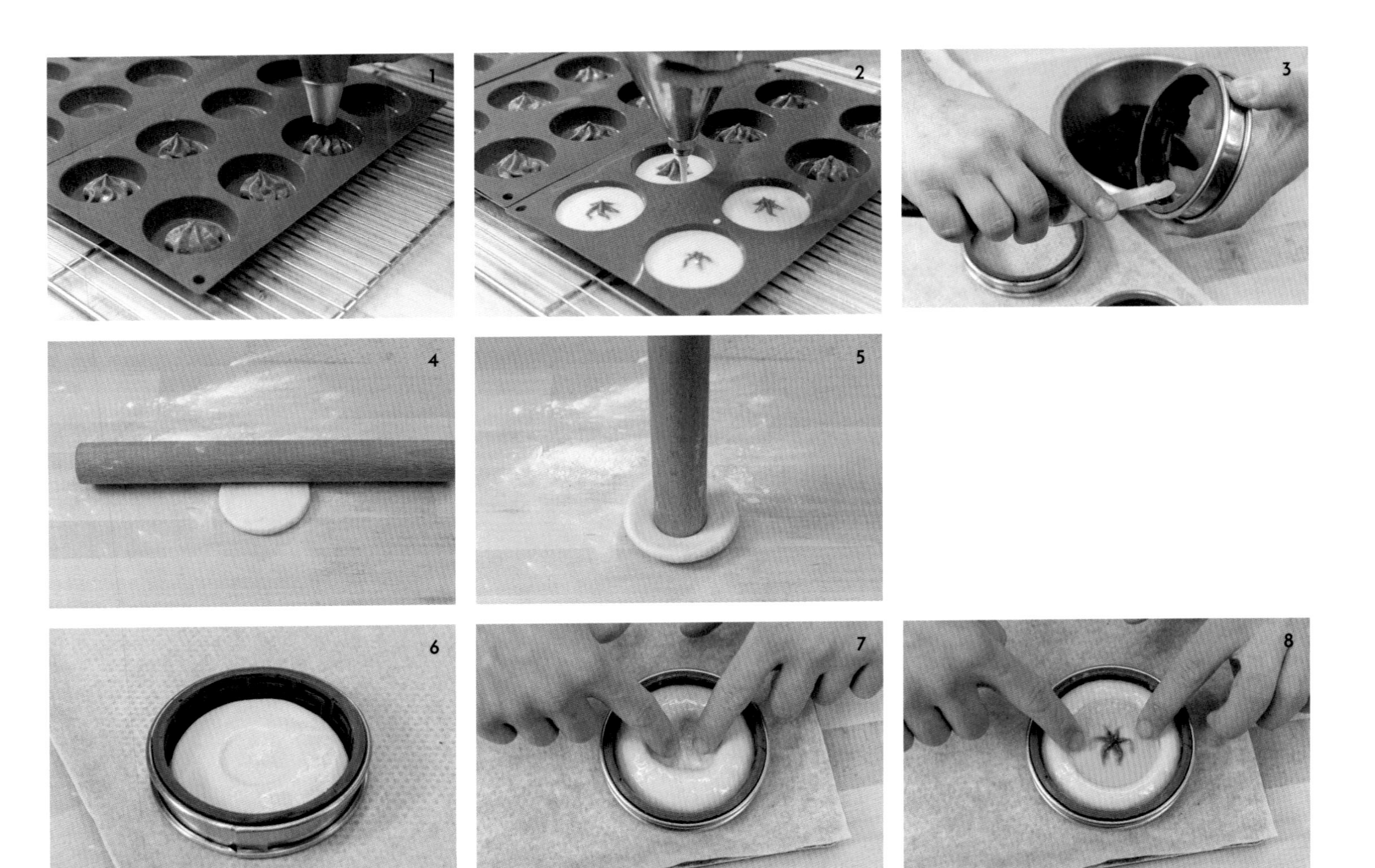
1
2
3
4
5
6
7
8

異國奶油酥

PETIT BEURRE EXOTIQUE

12個

難度 ●●●●○ - 全部準備時間 ●●●●○ - 烘烤時間 17 分鐘

PÂTE LEVÉE FEUILLETÉE
千層發酵麵團

可頌麵團*(見34頁)*	720克
折疊用奶油*(見18頁)*	180克

PALET GÉLIFIÉ À LA MANGUE
芒果果凝

百香果泥	240克
芒果泥	60克
冷凍覆盆子碎粒	60克
砂糖	90克
325 NH 95 果膠	3.5克
黃原膠	2克

PITAYA MACÉRÉ 浸漬火龍果

火龍果	1顆
黑醋栗果泥	100克

Finition 最後修飾

透明糖漿*(見267頁)*	適量

PITAYA MACÉRÉ 浸漬火龍果

前一天，將火龍果剝皮，用直徑7公分的圓形平口壓模裁成圓柱狀。

將火龍果浸漬在黑醋栗果泥中，以3°C浸漬約12小時。在放入烤箱之前，清洗火龍果，並用蔬果切片器切成12片薄片（**3**）。

PALET GÉLIFIÉ À LA MANGUE 芒果果凝

在直徑6公分的矽膠模底部撒上覆盆子碎粒（**4**）。

混合糖、果膠和黃原膠。將果泥煮沸，加入混合好的糖、果膠，以中火煮1分鐘，倒入直徑6公分的矽膠模中（**5**）。冷凍保存。

MÉTHODE DE TRAVAIL 製作程序

Tourage 折疊 為麵團排氣。在麵團中夾入折疊用奶油。進行2次雙折*（見25頁）*。

Détente 鬆弛 1°C，約45分鐘。

Préparation du pâton 麵團的製作 用壓麵機將麵團壓至4公釐的厚度，形成39×29公分的長方形。

Détente 鬆弛 冷凍約15分鐘。

Détaillage 裁切 用 <petit beurre>奶油餅乾壓模裁出12片（**6**），擺在鋪有烤盤紙的烤盤上。

Dorage 表面光澤 刷上蛋液（**7**）。

Apprêt 最後發酵 27°C，約2小時。

Dorage 表面光澤 刷上蛋液。

Cuisson 準備烘烤 為預定要鋪上果凝的部分以指腹輕輕排氣。鑲入冷凍果凝（**8**、**9**），接著鋪上1片火龍果（**10**）。

Cuisson 烘烤 以200°C的層爐烤箱，或以170°C的旋風烤箱烤約17分鐘。

Finition 最後修飾 為異國奶油酥的邊緣刷上透明糖漿（**11**）。

Ressuage 冷卻散熱 放在網架上。

迷你冰淇淋杯

P'TIT POT DE GLACE

12個

難度 ●●●●● - 全部準備時間 ●●●●● - 烘烤時間 14分鐘

PÂTE À BRIOCHE NATURE

原味布里歐麵團（見32頁）	680克

FONDANT AU CHOCOLAT
巧克力翻糖

可可脂含量55%的覆蓋黑巧克力	115克
奶油	95克
蛋	88克
砂糖	69克
玉米澱粉	14克
鹽之花	1克

APPAREIL GÉLIFIÉ MANGUE PASSION
百香芒果果凝

芒果泥	60克
百香果泥	60克
砂糖	30克
NH果膠	2.2克
青檸檬皮	1/2顆

GLAÇAGE CHOCOLAT
巧克力鏡面

葡萄糖	75克
砂糖	75克
甜煉乳	50克
水	50克
可可脂含量55%的覆蓋黑巧克力	75克
水	35克
吉利丁粉	5克

Finition 最後修飾

烘烤過的碎杏仁	適量
金箔	適量

FONDANT AU CHOCOLAT 巧克力翻糖
將巧克力和奶油微波加熱至融化。混合蛋、糖、澱粉和鹽之花。
混合上述2種備料，攪拌至均勻。
將30克的翻糖倒入直徑8公分的半球形矽膠模中，接著隔水加熱18分鐘（1）。冷凍保存。

APPAREIL GÉLIFIÉ MANGUE PASSION
百香芒果果凝
不加熱地混合果泥、果皮和其他材料，接著煮沸（2）。填入擠花袋，保存在3°C備用。

GLAÇAGE CHOCOLAT 巧克力鏡面
將吉利丁浸泡在35克的冷水中。加熱其他材料，煮沸後加入吉利丁和可可脂含量55%的覆蓋黑巧克力，接著再度煮沸（3）。用手持電動攪拌機攪打至均質，務必不要混入空氣。在表面緊貼上保鮮膜，保存在3°C。在35°C時使用。

MÉTHODE DE TRAVAIL 製作程序

Pesage 秤重 分割為440克的麵團1個和240克的麵團1個。

Préparation du pâton 麵團的製作 用壓麵機將440克的麵團壓至2.5公釐的厚度，將240克的麵團壓至0.5公釐的厚度（4）。

Détente 鬆弛 冷凍約15分鐘。

Détaillage 裁切 將440克的麵團裁切成12塊「冰淇淋杯」的麵皮，和12塊直徑3公分的圓形麵皮（5），接著將240克的麵團裁成12塊大片的「冰淇淋杯」麵皮（6）。

Cuisson 烘烤 用格狀鬆餅機（gaufrier à cornet de glace）壓烤大片的麵皮（7），接著趁熱立即放入模型中（8）。

Façonnage 整形 將裁下的生麵皮放入模型中（9），接著在模型表面擺上T形架，以便在烘烤後形成空隙（10）。

Apprêt 最後發酵 27°C，約2小時。

Cuisson 烘烤 在模型上鋪一張烤盤紙和一個烤盤，以140°C的旋風烤箱烤約14分鐘。

Ressuage 冷卻散熱 放在網架上。

Finition 最後修飾 在麵包內部空隙填入百香芒果果凝（11）。為冷凍巧克力翻糖沾裹上鏡面（12），接著在四周底部蘸上碎杏仁（13）。將翻糖擺在維也納麵包上（14），以金箔裝飾（15）。

1
2
3
4
5
6
7
8
9
10
11
12
13
14
15

異國巧克力裙

ROBE CHOCOLAT EXOTIQUE

12個

難度 ●●●●○ - 全部準備時間 ●●●●● - 烘烤時間 16 分鐘

PÂTE LEVÉE FEUILLETÉE NATURE 原味千層發酵麵團

可頌麵團 *(見34頁)*	620克
折疊用奶油 *(見18頁)*	180克

PÂTE À CROISSANT CACAO 巧克力可頌麵團

可頌麵團 *(見34頁)*	100克
可可粉	10克
水	10克
奶油	10克

BROWNIE CHOCOLAT 巧克力布朗尼

可可脂含量55%的覆蓋黑巧克力	90克
奶油	90克
砂糖	100克
蛋	60克
T55 麵粉	35克

CRÈME EXOTIQUE 異國風味醬

芒果泥	36克
百香果泥	36克
砂糖	18克
玉米澱粉（Amidon de maïs）	6克
青檸檬皮	1/2顆

Finition 最後修飾

透明糖漿 *(見267頁)*	適量

PÂTE À CROISSANT CACAO 巧克力可頌麵團
在裝有攪拌槳的電動攪拌機中，以速度 1 混合所有巧克力可頌麵團的材料，直到形成平滑麵團。進行基本發酵約 40 分鐘，接著以 1°C靜置 12 小時。

BROWNIE CHOCOLAT 巧克力布朗尼
將黑巧克力和奶油微波加熱至融化。混合蛋、糖再加入麵粉，直到形成均勻的麵糊。
加入融化的巧克力和奶油，再度拌勻。
在 24 個直徑 3.5 公分的卷壽司矽膠模（moules siliconés sushis makis）中擠入 15 克的布朗尼麵糊（**1**）。
以 3°C冷藏約 1 小時，接著以 150°C的旋風烤箱烤 8 分鐘。

CRÈME EXOTIQUE異國風味醬
混合糖和澱粉。不加熱地混合 2 種果泥、果皮、糖和澱粉，接著煮沸。填入冷卻的巧克力布朗尼凹槽內（**2**），將布朗尼兩兩疊起（**3**），接著冷凍保存。

MÉTHODE DE TRAVAIL 製作程序

Tourage 折疊 為麵團排氣。在麵團中夾入折疊用奶油。進行 1 次單折和 1 次雙折 *(見 24 頁)*。
以毛刷蘸水濕潤麵團表面，接著擺上預先擀至麵團大小的巧克力可頌麵皮（**4**）。

Détente 鬆弛 1°C，約 45 分鐘。

Préparation du pâton 麵團的製作 用壓麵機將麵團壓至 3.25 公釐的厚度，形成 45 × 34 公分的長方形。

Détente 鬆弛 冷凍約 15 分鐘。

Détaillage 裁切 用壓模裁出 12 個直徑 11 公分的圓（**5**）。用切割器（découpoir）在每個圓形麵皮中劃切出 12 個逗號（**6**）。
將麵皮碎料整形後擀至 1 公釐，冷凍冷卻 10 分鐘，接著裁成 12 個直徑 4.5 公分的圓，以及 12 個直徑 4 公分的圓。

Façonnage 整形 在布朗尼上放 1 個 4 公分的圓形麵皮（**7**）。
在每塊圓餅上擺 1 塊布朗尼，接著將每個逗號朝上折起（**8**）。
蓋上以毛刷蘸水略為濕潤的 4.5 公分圓餅。
翻面擺在直徑 9 公分且預先上油的廣口模中（**9**）。

Apprêt 最後發酵 27°C，約 2 小時。

Cuisson 烘烤 以旋風烤箱 170°C烘烤約 16 分鐘。

Finition 最後修飾 刷上透明糖漿（**10**）。

Ressuage 冷卻散熱 放在網架上。

1
2
3
4
5
6
7
8
9
10

開心果巧克力圓花

ROSACE CHOCOLAT PISTACHE

3個

難度 ●●●●○ - 全部準備時間 ●●●●● - 烘烤時間 15 分鐘

PÂTE LEVÉE FEUILLETÉE NATURE
原味千層發酵麵團

可頌麵團 *(見34頁)*	**600**克
折疊用奶油 *(見18頁)*	**210**克

PÂTE À CROISSANT CACAO
巧克力可頌麵團

可頌麵團 *(見34頁)*	**90**克
可可粉	**7**克
奶油	**3.5**克
水	**3.5**克

CRÈME BRÛLÉE À LA PISTACHE
開心果烤布蕾

牛乳	**40**克
脂肪含量35%的液態鮮奶油	**40**克
蛋黃	**15**克
砂糖	**8**克
開心果醬	**8**克

BROWNIE CHOCOLAT NOIR
黑巧克力布朗尼

奶油	**80**克
可可脂含量63%的覆蓋黑巧克力	**80**克
砂糖	**80**克
蛋	**50**克
T55 麵粉	**30**克

Finition 最後修飾

透明糖漿 *(見267頁)*	**適量**

PÂTE À CROISSANT CACAO 巧克力可頌麵團
在裝有攪拌槳的電動攪拌機中，以速度1混合所有巧克力可頌麵團的材料，直到形成平滑麵團。進行基本發酵約40分鐘，接著以1°C靜置12小時。

CRÈME BRÛLÉE À LA PISTACHE 開心果烤布蕾
在平底深鍋中將鮮奶油、牛乳和開心果醬煮沸，接著浸泡至完全冷卻。
將蛋黃和糖攪拌至稍微泛白。加入牛乳、鮮奶油和開心果醬的浸泡液。以3°C保存12小時。
將35克的蛋糊倒入直徑6公分的矽膠模中(**1**)。
以90°C的旋風烤箱烤約45分鐘。冷凍保存。

BROWNIE CHOCOLAT NOIR 黑巧克力布朗尼
將奶油和巧克力加熱至融化。將蛋和糖攪拌至稍微泛白後加入麵粉混合，再加入奶油和巧克力混合至均勻。
在直徑5公分的半球形矽膠模中擠入25克的麵糊(**2**)，接著在直徑12.5公分且預先上油的薩瓦蘭蛋糕模中，擠入80克的麵糊(**3**)。
以150°C的旋風烤箱烤約15分鐘。
出爐後5分鐘為圓環狀布朗尼及半球形布朗尼脫模(**4**)。冷凍保存。

MÉTHODE DE TRAVAIL 製作程序

Tourage 折疊 為麵團排氣。在麵團中夾入折疊用奶油。進行1次單折和1次雙折*(見24頁)*。以毛刷蘸水濕潤麵團表面(**5**)，接著擺上預先擀至麵團大小的巧克力可頌麵皮(**6**)。

Détente 鬆弛 1°C，約45分鐘。

Préparation du pâton 麵團的製作 用壓麵機將麵團壓至3.5公釐的厚度，形成65×21公分的長方形。

Détente 鬆弛 以1°C進行約15分鐘。

Détaillage 裁切 裁成3個直徑20公分的圓。

Façonnage 整形 用模板在每個圓形麵皮上劃切出8個逗號，同時注意讓巧克力的那一面保持朝下(**7**、**8**)。
將圓形麵皮翻面，巧克力面朝上，接著在中央擺上1個冷卻的布朗尼圓環(**9**)。將麵皮的每個尖角朝布朗尼圓環折起(**10**、**11**)。
將維也納麵包擺在直徑14公分，且預先上油的高邊蛋糕模中(**12**)。

Apprêt 最後發酵 27°C，約2小時30分鐘。

Cuisson 準備烘烤 在每個維也納麵包中央鑲入1個冷凍的半球形布朗尼(**13**)，並蓋上1塊冷凍開心果烤布蕾(**14**)。

Cuisson 烘烤 用旋風烤箱以170°C烘烤約15分鐘，接著以120°C烘烤約10分鐘。

Finition 最後修飾 刷上透明糖漿。

Ressuage 冷卻散熱 放在網架上。

1
2
3
4
5
6
7
8
9
10
11
12
13
14

陽光

SUNLIGHT

12個

難度 ●●●○○ - 全部準備時間 ●●●○○ - 烘烤時間 17 分鐘

千層發酵麵團

可頌麵團 *(見 34 頁)*	600克
折疊用奶油 *(見 18 頁)*	150克

APPAREIL ANANAS COCO
椰子鳳梨餡

奶油	60克
砂糖	60克
椰子絲	60克
蛋	60克
卡士達粉	5克
切碎鳳梨乾	150克

Finition 最後修飾

透明糖漿	適量
椰子絲	適量

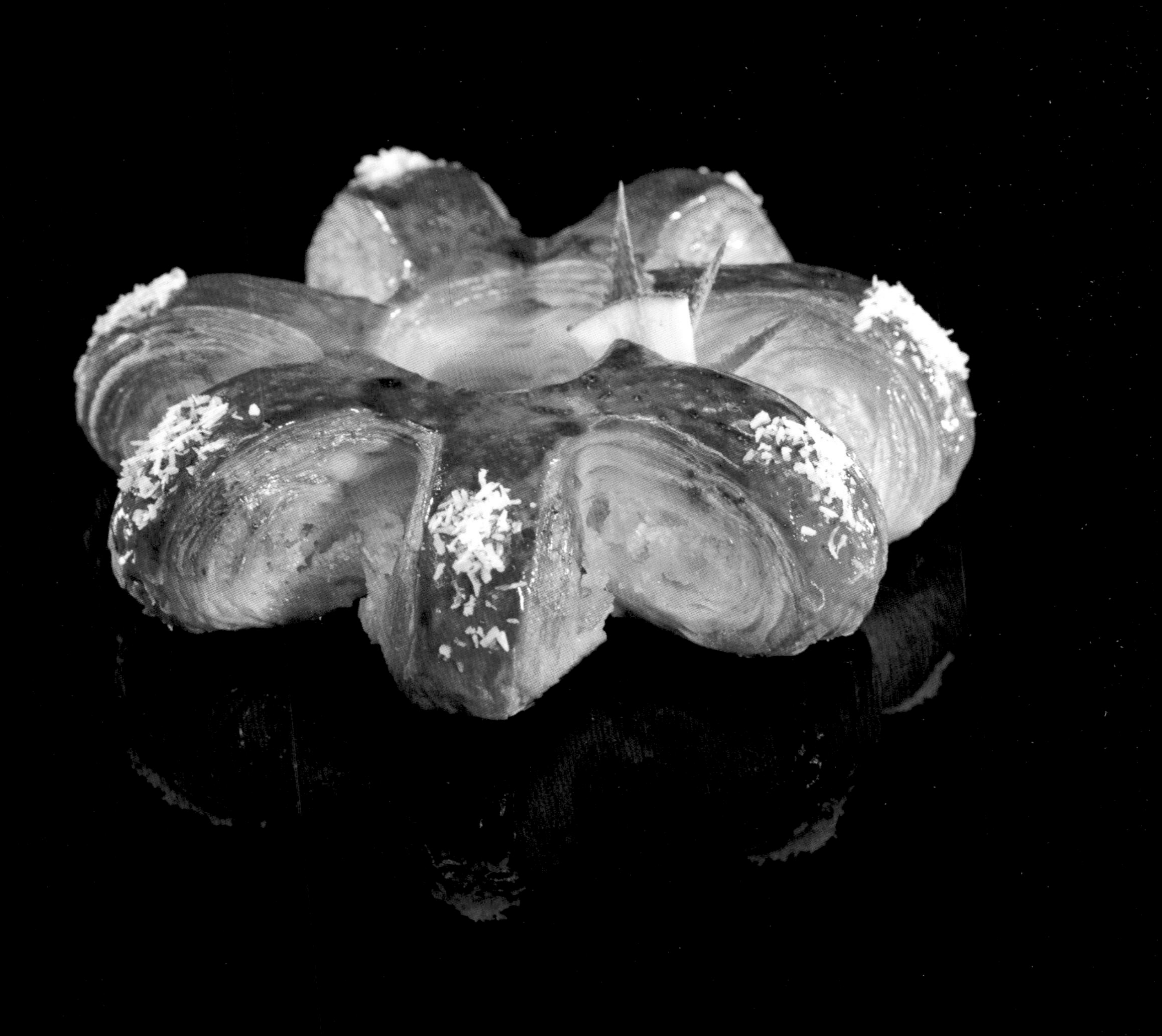

APPAREIL ANANAS COCO 椰子鳳梨餡

用裝有攪拌槳的電動攪拌機，將奶油和糖攪打至形成乳霜狀，接著加入椰子絲和卡士達粉。加入蛋，攪拌至膨脹，接著加入切碎鳳梨乾（1）。保存在擠花袋中。

MÉTHODE DE TRAVAIL 製作程序

Tourage 折疊	為麵團排氣。在麵團中夾入折疊用奶油。進行2次雙折*（見25頁）*。
Détente 鬆弛	1°C，約45分鐘。
Préparation du pâton 麵團的製作	用壓麵機將麵團壓至3.5公釐的厚度，形成42×32公分的長方形。
Détente 鬆弛	冷凍約15分鐘。
Détaillage 裁切	裁成14×8公分的長方形。
Façonnage 整形	沿著每個長方形的長邊，將椰子鳳梨餡擠在中央（2）。 以毛刷蘸水濕潤長方形麵皮的下半部（3），接著從長邊對折（4）。 用刀劃出6道切口（5），接著將二端接合，形成圓環（6）。密合後擺在鋪有烤盤紙的烤盤上。
Dorage 表面光澤	刷上蛋液。
Apprêt 最後發酵	在27°C下，2小時。
Dorage 表面光澤	刷上蛋液。
Cuisson 烘烤	以200°C的層爐烤箱，或以170°C的旋風烤箱烤約17分鐘。
Finition 最後修飾	刷上透明糖漿（7），接著在每個放射狀的頂端撒上椰子絲（8）。
Ressuage 冷卻散熱	放在網架上。

1
2
3
4
5
6
7
8

栗鼓

TAMBOUR AUX MARRONS

12個

難度 ●●●●● - 全部準備時間 ●●●●● - 烘烤時間 18 分鐘

PÂTE À BRIOCHE NATURE

原味布里歐麵團 *(見 32 頁)*	650克

PÂTE À BRIOCHE CACAO
可可布里歐麵團

原味布里歐麵團 *(見 32 頁)*	86克
可可粉	7克
水	7克

PÂTE À CHOUX

泡芙麵糊 *(見 269 頁)*	205克

CRÈME AUX MARRONS
栗子奶油醬

卡士達醬 *(見 267 頁)*	200克
糖漬栗子泥（Crème de marron）	150克
柑曼怡香橙干邑（Grand Marnier®）	5克

Finition 最後修飾

糖粉	適量

PÂTE À BRIOCHE CACAO 可可布里歐麵團

在裝有攪拌槳的電動攪拌機中，以速度1攪拌布里歐麵團、預先混合的可可粉和水，直到形成平滑的麵團。

進行基本發酵，約30分鐘。輕輕翻麵，接著以3°C靜置發酵12小時。

CRÈME AUX MARRONS 栗子奶油醬

混合所有材料。填入擠花袋，保存在3°C。

PÂTE À CHOUX 泡芙麵糊

依269頁的指示製作泡芙麵糊。在鋪有微孔烤盤墊的烤盤上，擺上12個底部和內壁鋪有微孔烤盤墊的小圓餅模（moules à nonette），在每個模型中擠入17克的泡芙麵糊（**1**）。蓋上一張微孔矽膠烤盤墊，接著覆蓋上一個烤盤。

以170°C的旋風烤箱烤約45分鐘。出爐後脫模。

冷卻後，從側面為泡芙填入栗子奶油醬（**2**），保存在3°C。

MÉTHODE DE TRAVAIL 製作程序

Pesage 秤重 分割成400克的麵團1塊，和250克的布里歐麵團1塊，接著是100克的可可布里歐麵團1塊。

Préparation du pâton 麵團的製作 用壓麵機將250克的原味麵團壓至2公釐的厚度，接著冷凍保存。

用擀麵棍將400克的原味麵團和可可布里歐麵團分別擀成20×25公分的長方形。

以毛刷蘸水濕潤原味麵團（**3**）並疊上可可麵團（**4**）。

Détente 鬆弛 冷凍約15分鐘。

Abaisse 擀薄麵團 用壓麵機將雙色麵團壓至形成32×42公分的長方形。

Détente 鬆弛 冷凍約15分鐘。

Détaillage 裁切 將雙色麵皮裁成12個5.5×20公分的長方形（**5**），接著將每個長方形再裁成8個相等的長方形。

在5.5×20公分的微孔烤盤墊上排成二色交錯的棋盤形（**7**）。

Apprêt 最後發酵 27°C，2小時。

Cuisson 準備烘烤 用直徑6.5公分的壓模從2公釐的冷凍麵團中裁出12個圓（**8**）。擺在鋪有烤盤紙的烤盤上，接著在每塊圓形麵皮上放一個直徑6.5公分且高6公分的慕斯圈。

用泡芙將二色交錯的棋盤麵皮捲起（**9**）。外側是原先墊在下方的微孔烤盤墊（**10**）。

連同微孔烤盤墊一起放進圓柱模型內，為維也納麵包蓋上一張烤盤紙和一個不鏽鋼網架（**11**）。

Cuisson 烘烤 以旋風烤箱150°C烘烤約18分鐘。烘烤後，將栗鼓麵包翻面。

Ressuage 冷卻散熱 放在網架上。

Finition 最後修飾 用模板篩上糖粉。

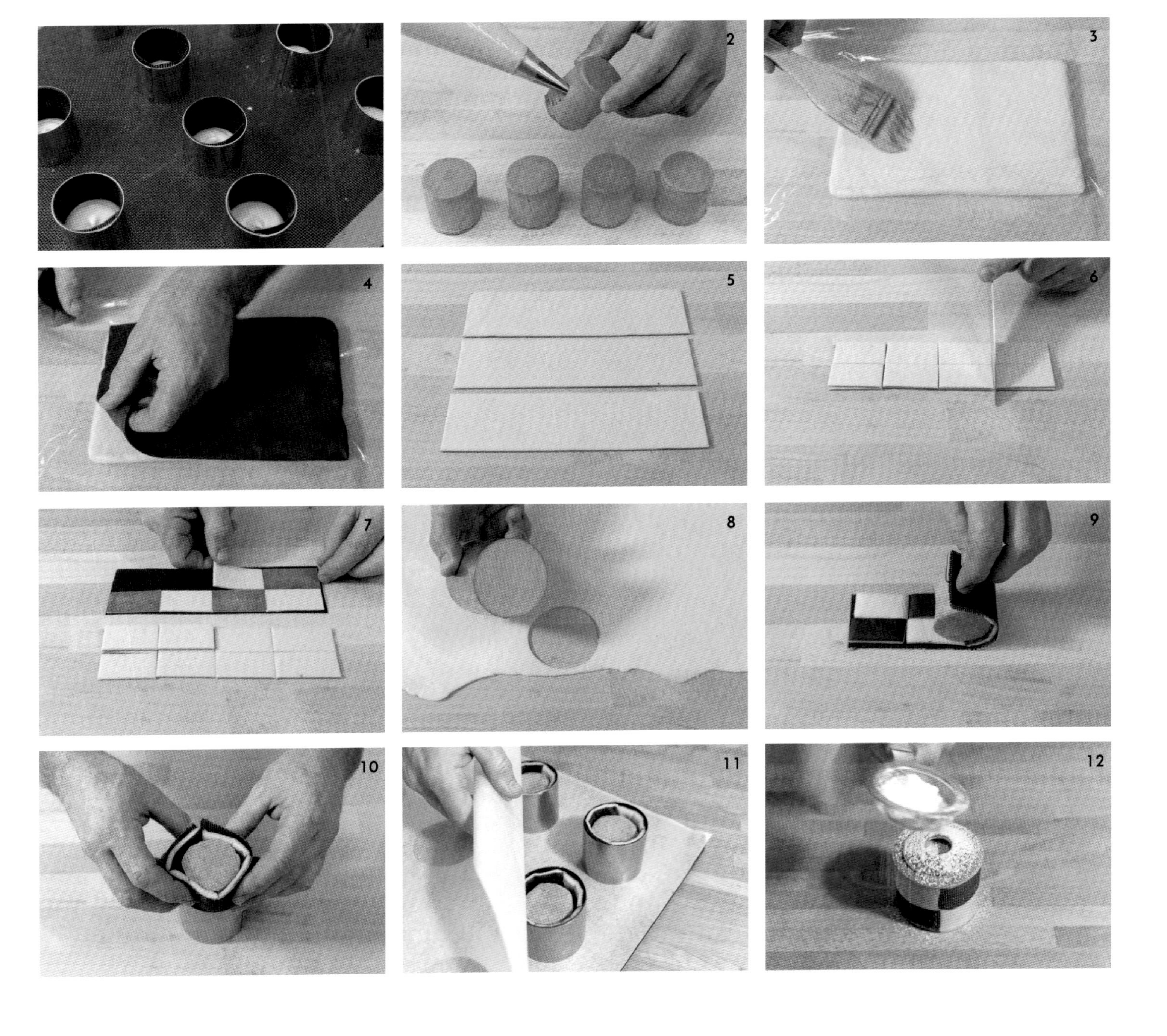
2
3
4
5
6
7
8
9
10
11
12

黑醋栗檸檬陀螺

TOUPIE CITRON CASSIS

12個

難度 ●●●●○ - 全部準備時間 ●●●●○ - 烘烤時間 12 分鐘

PÂTE À BRIOCHE AU CITRON
檸檬布里歐麵團

布里歐麵團（*見32頁*）	750克
薑黃粉	4克
黃檸檬皮	1/2顆

PÂTE À BRIOCHE AU CASSIS
黑醋栗布里歐麵團

布里歐麵團（*見32頁*）	100克
黑醋栗粉（Cassis en poudre）	10克
水	10克

CAKE CITRON CASSIS
黑醋栗檸檬蛋糕

奶油	65克
砂糖	65克
蛋	40克
T55麵粉	65克
泡打粉	2克
杏仁粉	20克
黃檸檬皮	15克
冷凍黑醋栗	30克

SIROP AU CITRON 檸檬糖漿

水	80克
砂糖	80克
黃檸檬汁	20克

PÂTE À BRIOCHE AU CITRON 檸檬布里歐麵團
在裝有攪拌槳的電動攪拌機中，以速度1攪拌布里歐麵團、薑黃粉和檸檬皮，直到形成平滑的麵團。
進行基本發酵，約30分鐘。輕輕翻麵，接著以3°C靜置發酵12小時。

PÂTE À BRIOCHE AU CASSIS 黑醋栗布里歐麵團
在裝有攪拌槳的電動攪拌機中，以速度1攪拌布里歐麵團、預先混合的黑醋栗粉和水，直到形成平滑的麵團。進行基本發酵，約30分鐘。
輕輕翻麵，接著以3°C靜置發酵12小時。

CAKE CITRON CASSIS 黑醋栗檸檬蛋糕
用裝有攪拌槳的電動攪拌機，將奶油和糖稍微攪打至泛白，接著加入蛋。
輕輕混入預先過篩的粉類材料。混入檸檬皮，接著是冷凍的黑醋栗莓果（1）。
將25克的麵糊擠入直徑5公分的半球形矽膠模中。
以150°C的旋風烤箱烤約15分鐘。冷卻後將蛋糕表面稍微壓平。冷凍保存。

SIROP AU CITRON 檸檬糖漿
將水和糖煮沸1分鐘，接著加入檸檬汁。保存在3°C。

MÉTHODE DE TRAVAIL 製作程序

Pesage 秤重 分割為500克的麵團1個，和250克的檸檬布里歐麵團1個，與120克的黑醋栗布里歐麵團1個。

Préparation du pâton 麵團的製作 用擀麵棍將500克的檸檬布里歐麵團和黑醋栗布里歐麵團擀成15×25公分的長方形。
以毛刷蘸水濕潤2個麵團並疊在一起（2）。用壓麵機將250克的檸檬布里歐麵團壓至2公釐的厚度。

Détente 鬆弛 冷凍約15分鐘。

Préparation du pâton 麵團的製作 用壓麵機將雙色麵團壓至形成45×22公分的長方形。

Détente 鬆弛 冷凍約15分鐘。

Détaillage 裁切 從長邊裁成12條相等的長條。將每條長麵條的尖端切去，形成45°C的角度（3），接著用擀麵棍將末端4公分擀平（4）。用直徑9公分的壓模，將250克的檸檬布里歐麵皮裁出12個圓（5）。

Façonnage 整形 將圓麵皮鋪在12個直徑8.5公分的高邊蛋糕模底部（6）。從尖端開始，將雙色長條麵皮由上往下，捲在冷凍的黑醋栗檸檬蛋糕圓頂上（7、8），一直捲至蛋糕的平坦邊緣，末端收在蛋糕下（9）。
擺在墊有圓形麵皮的高邊蛋糕模中（10）。

Apprêt 最後發酵 27°C，約2小時。

Cuisson 烘烤 以145°C的旋風烤箱烤約12分鐘。

Finition 最後修飾 刷上檸檬糖漿。

Ressuage 冷卻散熱 放在網架上。

1
2
3
4
5
6
7
8
9
10

女沙皇

TZARINE

12個

難度 ●●●●● - 全部準備時間 ●●●●● - 烘烤時間 15 分鐘

PÂTE LEVÉE FEUILLETÉE 千層發酵麵團

原味可頌麵團 *(見 34 頁)*	700克
折疊用奶油 *(見 18 頁)*	210克

CRAQUELIN 脆皮

T55 麵粉	40克
膏狀奶油	45克
砂糖	40克
杏仁粉	40克
鹽	1克

CHOUX 泡芙

泡芙麵糊 *(見 269 頁)*	180克
香草卡士達醬 *(見 267 頁)*	360克

MACARONNADE 馬卡龍蛋白糊

杏仁粉	50克
砂糖	50克
蛋白	30克

Finition 最後修飾

糖粉	適量

CRAQUELIN 脆皮

在裝有攪拌槳的電動攪拌機中，將所有食材攪拌至形成均勻麵團。

用壓麵機將夾在2張巧克力造型專用紙之間的麵皮壓至1.5公釐的厚度。冷凍保存。

用壓模裁出12個直徑4公分的圓，再用壓模裁出12個直徑3公分的圓（**1**）。

CHOUX 泡芙

依269頁的指示製作泡芙麵糊。

在微孔矽膠烤墊上擠出12個10克的泡芙麵糊，和12個5克的泡芙麵糊（**2**）。

為大泡芙麵糊蓋上大片的脆皮圓餅（**3**），為小泡芙麵糊蓋上小片的脆皮圓餅（**4**）。

以170°C的旋風烤箱烤約20分鐘。

冷卻後，為泡芙填入香草卡士達醬（大泡芙20克，小泡芙10克）（**5**）。

MACARONNADE 馬卡龍蛋白糊

混合所有材料。保存在3°C。

MÉTHODE DE TRAVAIL 製作程序

Tourage 折疊 為麵團排氣。在麵團中夾入折疊用奶油。進行1次單折和1次雙折*（見24頁）*。

Détente 鬆弛 1°C，約45分鐘。

Préparation du pâton 麵團的製作 用壓麵機將麵團壓至3.5公釐的厚度，形成42×32公分的長方形。

Détente 鬆弛 冷凍約15分鐘。

Détaillage 裁切 用直徑10公分的壓模裁出12個圓。用模板在每個圓形麵皮上劃切出6個逗號（**6**、**7**）。

Façonnage 整形 在每個圓形麵皮中央擺上1個大泡芙（**8**），將麵皮的尖端朝上折起（**9**、**10**）。擺在直徑8公分且預先抹上油的高邊蛋糕模中。

Apprêt 最後發酵 27°C，約2小時30分鐘。

Cuisson 準備烘烤 用擠花袋將馬卡龍蛋白糊擠在空隙和表面，遮蓋住大泡芙（**11**），接著在維也納麵包頂端擺上1顆小泡芙（**12**）。

Cuisson 烘烤 以旋風烤箱170°C烘烤約15分鐘。

Ressuage 冷卻散熱 放在網架上。

Finition 最後修飾 篩上糖粉。

1
2
3
4
5
6
7
8
9
10
11
12

F E u

I L L

E T A

G E S

DÉC LIN AÍS ONS

折疊法與變化

經典千層

FEUILLETAGE CLASSIQUE

難度 ●●●○○ - 全部準備時間 ●●●●●

INGRÉDIENTS DU PÉTRISSAGE 攪拌材料

T65 麵粉	**1000**克
水	**430**克
鹽	**25**克
冷的融化奶油	**150**克

TOURAGE 折疊

折疊用奶油*(見18頁)*	**800**克

MÉTHODE DE TRAVAIL 製作程序

Température de base 室溫+粉溫	46℃至50℃
Incorporation 加入原料	將所有攪拌材料放入電動攪拌機的攪拌缸中。
Frasage 混合	速度1，約6分鐘
Consistance 質地	硬麵團
Pesage 秤重	分割為 1600克的麵團1個
Détente 鬆弛	3℃，至少2小時
Tourage 折疊	在麵團中夾入折疊用奶油（**1**、**2**、**3**）。 進行2次單折（**4至7**）。
Détente 鬆弛	3℃，至少4小時
Tourage 折疊	進行2次單折（**4至7**）。
Détente 鬆弛	3℃，至少4小時
Tourage 折疊	進行1次單折（**4**、**5**）。
Détente 鬆弛	3℃，約12小時

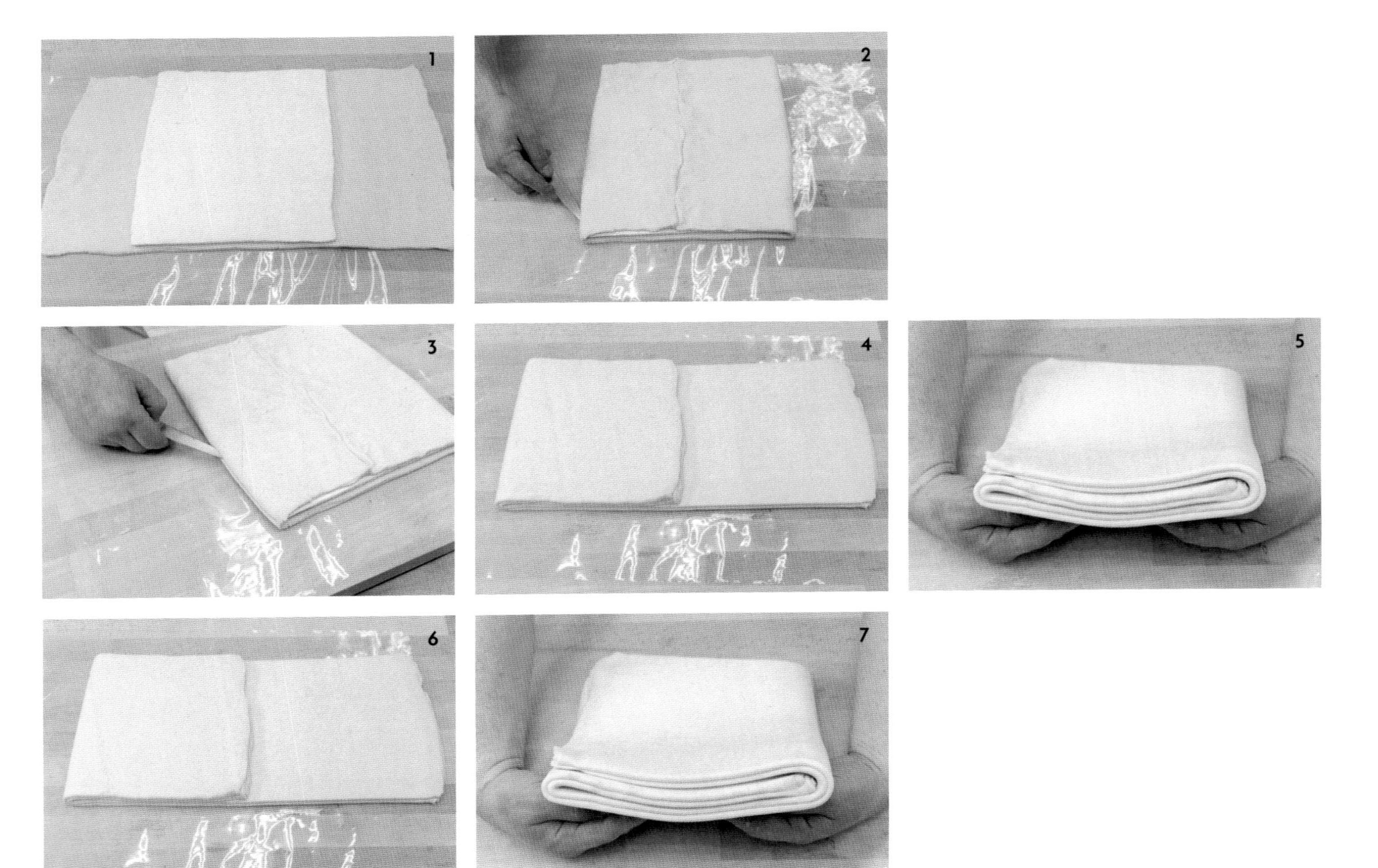
1
2
3
4
5
6
7

反折千層
FEUILLETAGE INVERSÉ

難度 ●●●●○ - 全部準備時間 ●●●●○

INGRÉDIENTS DU PÉTRISSAGE
攪拌材料

T55麵粉	**400**克
T65麵粉	**600**克
水	**600**克
鹽	**25**克

INGRÉDIENTS DU BEURRE MANIÉ
奶油糊材料

折疊用奶油	**1000**克
T55麵粉	**150**克
T65麵粉	**150**克

BEURRE MANIÉ 奶油糊
在裝有攪拌槳的電動攪拌機中，將所有食材攪拌至均勻。
保存在3°C。

MÉTHODE DE TRAVAIL 製作程序

Température de base室溫＋粉溫	46°C至50°C。
Incorporation加入原料	將所有攪拌材料放入電動攪拌機的攪拌缸中。
Frasage混合	速度1，約6分鐘。
Consistance質地	軟硬適中的麵團。
Pesage秤重	1625克的麵團1個。
Détente鬆弛	3°C，至少1小時。
Tourage折疊	在奶油糊中夾入基本揉和麵團（détrempe）（**1**、**2**）。進行1次雙折（**3**、**4**、**5**）和1次單折（**6**、**7**）。
Détente鬆弛	3°C，至少4小時。
Tourage折疊	進行1次雙折（**3**、**4**、**5**）和1次單折（**6**、**7**）。
Détente鬆弛	3°C，約12小時。

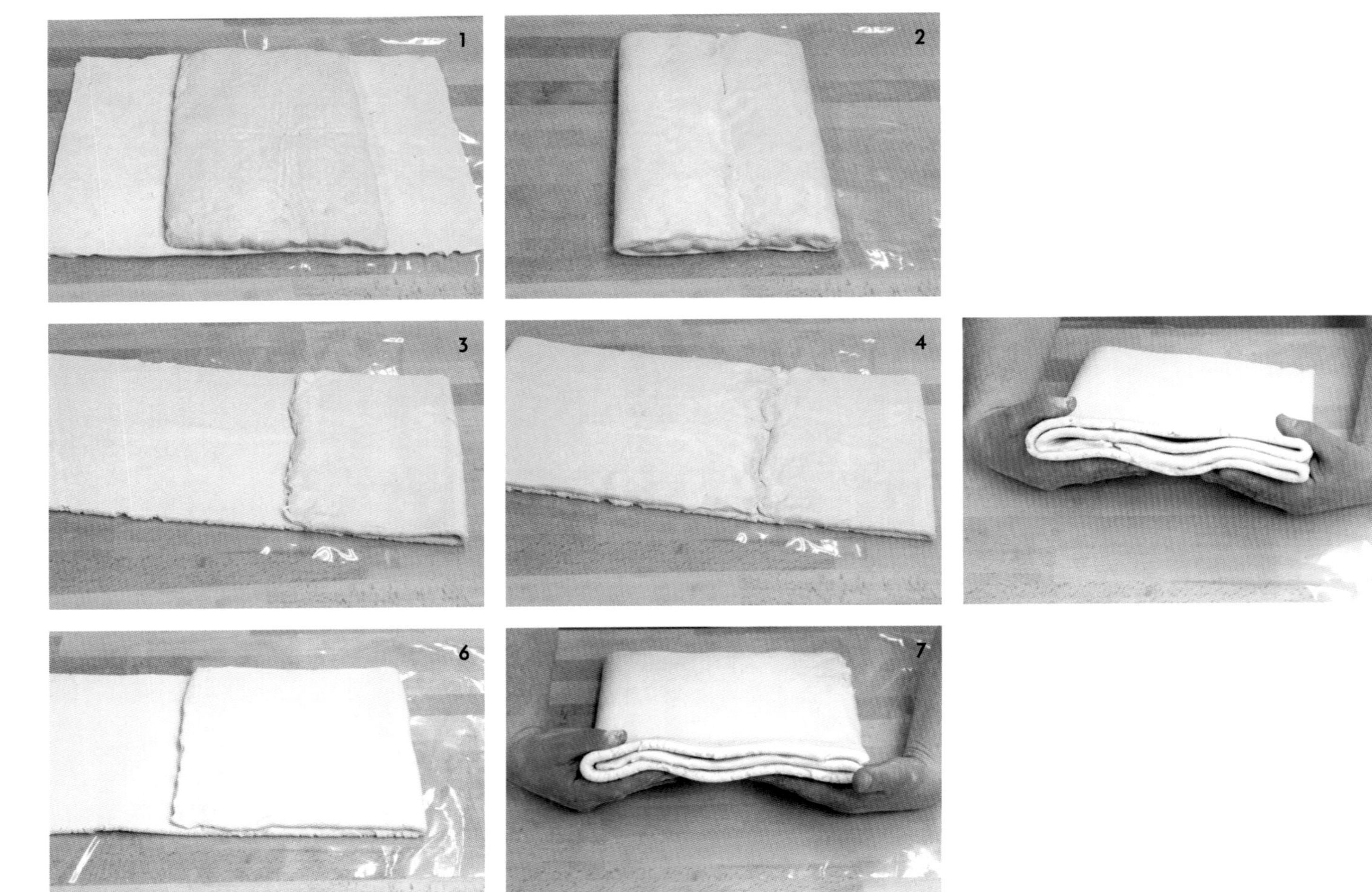
1
2
3
4
5
6
7

快速千層
FEUILLETAGE RAPIDE

難度 ●●○○○ - 全部準備時間 ●●●○○

INGRÉDIENTS DU PÉTRISSAGE 攪拌材料

T65 麵粉	**1000**克
水	**500**克
鹽	**25**克
冷凍折疊用奶油丁	**800**克

MÉTHODE DE TRAVAIL 製作程序

Température de base 室溫＋粉溫	46°C至50°C。
Incorporation 加入原料	將所有攪拌材料放入電動攪拌機的攪拌缸中。
Frasage 混合	速度1，約3分鐘。
Consistance 質地	偏硬的麵團。
Pesage 秤重	2325克的麵團1塊。
Tourage 折疊	進行2次單折（**1**至**5**）。
Détente 鬆弛	3°C，至少2小時。
Tourage 折疊	進行2次單折（**6**至**9**）。
Détente 鬆弛	3°C，至少2小時。
Tourage 折疊	進行1次單折（**6**、**7**）。
Détente 鬆弛	3°C，約2小時。

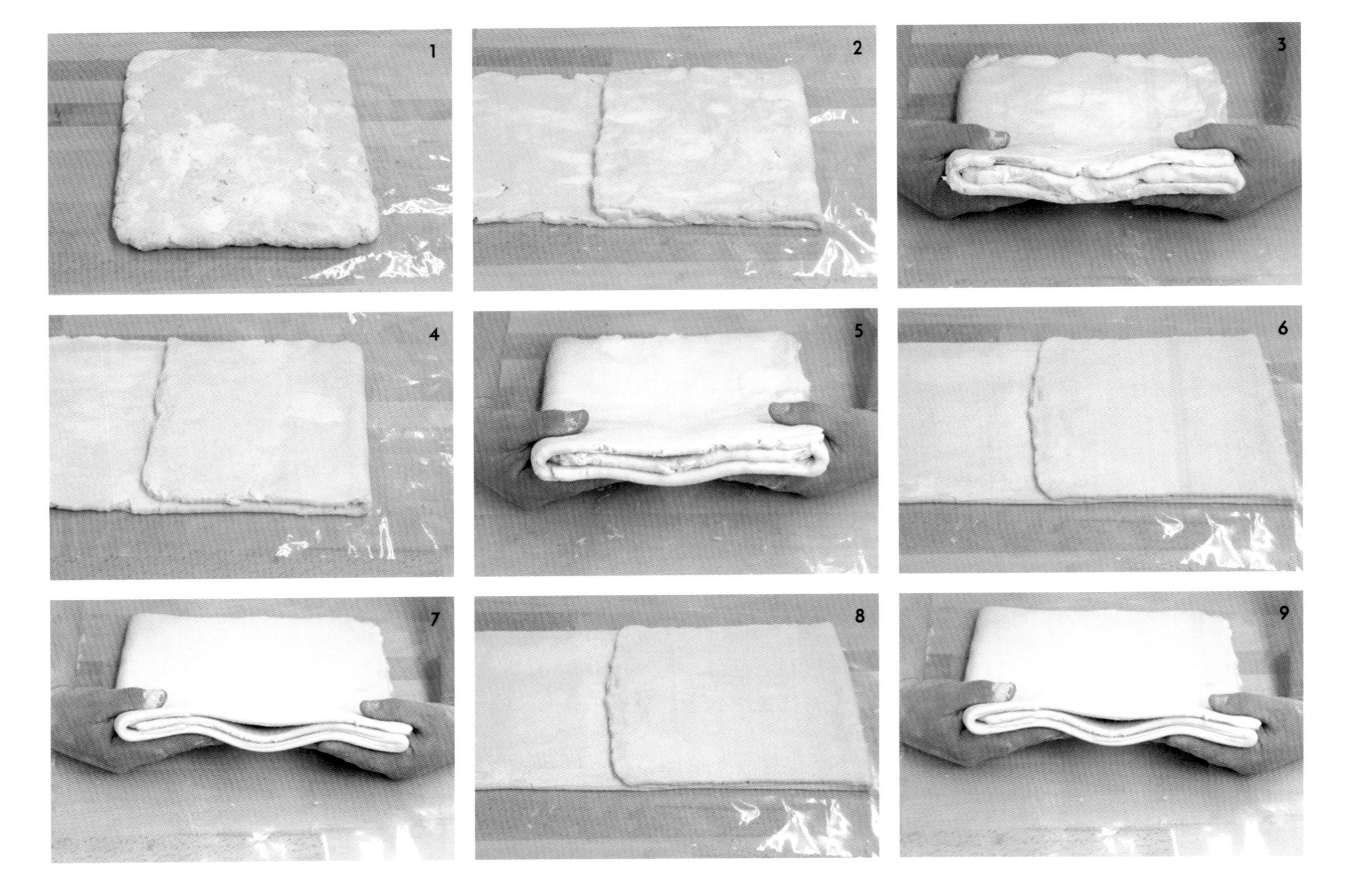
1
2
3
4
5
6
7
8
9

維也納千層

FEUILLETAGE VIENNOIS

難度 ●●●○○ - 全部準備時間 ●●●●●

INGRÉDIENTS DU PÉTRISSAGE 攪拌材料

T65麵粉	**1000**克
牛乳	**400**克
蛋	**110**克
鹽	**20**克
砂糖	**40**克
冷的融化奶油	**200**克

TOURAGE 折疊

折疊用奶油	**800**克

MÉTHODE DE TRAVAIL 製作程序

Température de base 室溫＋粉溫	46°C至50°C。
Incorporation 加入原料	將所有攪拌材料放入電動攪拌機的攪拌缸中。
Frasage 混合	速度1，約6分鐘。
Consistance 質地	偏硬的麵團。
Pesage 秤重	1770克的麵團1個。
Détente 鬆弛	3°C，至少2小時。
Tourage 折疊	在麵團中夾入折疊用奶油（**1**、**2**、**3**）。進行2次單折（**4至7**）。
Détente 鬆弛	3°C，至少4小時。
Tourage 折疊	進行2次單折（**4至7**）。
Détente 鬆弛	3°C，至少4小時。
Tourage 折疊	進行1次單折（**4**、**5**）。
Détente 鬆弛	3°C，約12小時。

1

2

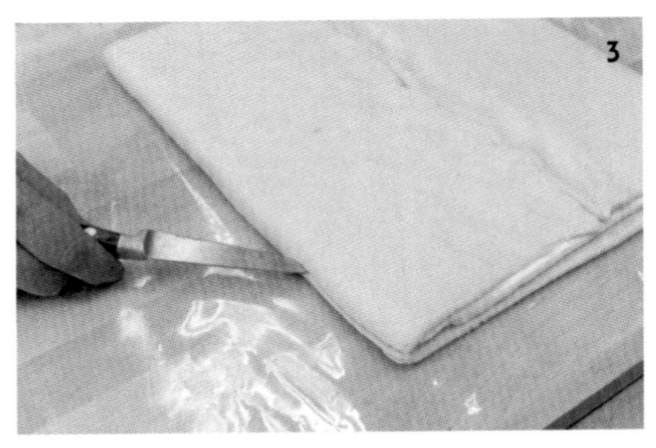
3

4

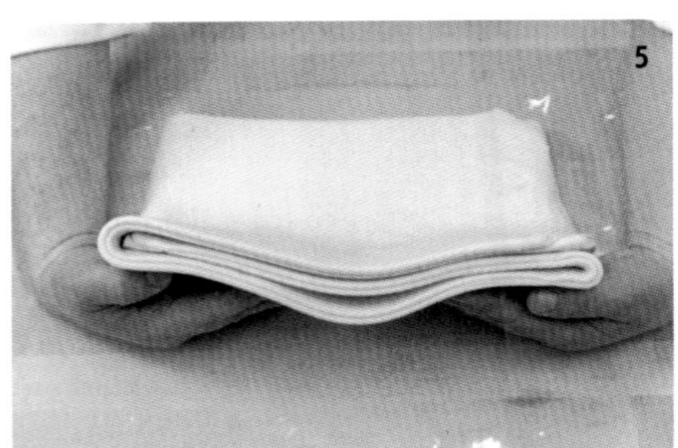
5

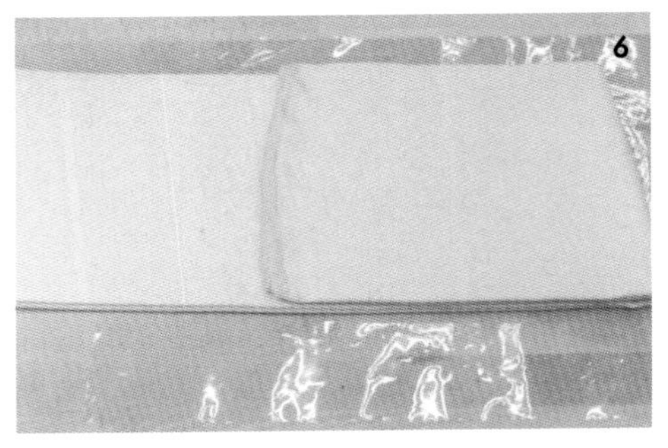
6

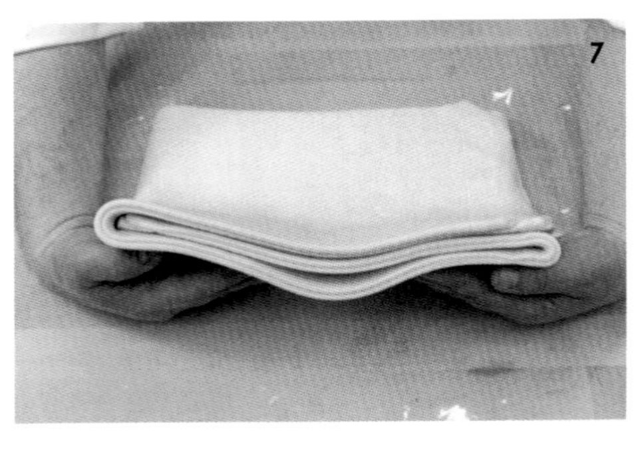
7

CLASSIQUE
經典千層

INVERSÉ
反折疊千層

VIENNOIS
維也納千層

RAPIDE
快速千層

FEU
ILL
ETA
GES

應用變

蘋果修頌

CHAUSSON AUX POMMES

12個

難度 ●●●●○ - 全部準備時間 ●●●●● - 烘烤時間 35 分鐘

EUILLETAGE 千層麵團

5 折的千層麵團	1000克

COMPOTE DE POMME 糖煮蘋果

蘋果丁	800克
砂糖	120克
水	40克
香草莢	1根

Finition 最後修飾

蛋黃	適量
透明糖漿	適量

COMPOTE DE POMME 糖煮蘋果

以小火煮所有材料約20分鐘，直到蘋果丁變為半透明。用手持電動料理機攪打一半的糖煮蘋果，接著混入剩餘的糖煮蘋果。保存在3°C。

MÉTHODE DE TRAVAIL 製作程序

用壓麵機將麵團壓至2公釐的厚度。
用17×12.5公分的橢圓形壓模裁成12片。以3°C鬆弛至少1小時。
用擠花袋將50克的糖煮蘋果擠在麵皮下半部中央。
以極少量的水濕潤邊緣，接著將麵皮上半部蓋起並密合邊緣。
將修頌翻面，刷上蛋黃。用刀在修頌表面輕輕劃出想要的花紋，接著戳出透氣的小孔洞。
以3°C鬆弛至少12小時。
以175°C的旋風烤箱，或以190°C的層爐烤箱烤約35分鐘。
為蘋果修頌刷上透明糖漿。
在網架上放涼。

那不勒斯修頌

CHAUSSON NAPOLITAIN

15個

難度 ●●●○○ - 全部準備時間 ●●●●● - 烘烤時間 30分鐘

FEUILLETAGE 千層麵團

5折的千層麵團	1000克
融化奶油	40克
糖粉	20克

APPAREIL À CHAUSSON NAPOLITAIN 那不勒斯修頌餡

卡士達醬 *(見267頁)*	300克
泡芙麵糊 *(見269頁)*	300克
葡萄乾	135克
蘭姆酒	15克

Finition 最後修飾

糖粉	適量

APPAREIL À CHAUSSON NAPOLITAIN 那不勒斯修頌餡

前一天，混合葡萄乾和蘭姆酒。緊貼上保鮮膜，保存在3°C。當天，用裝有攪拌槳的電動攪拌機混合泡芙麵糊和卡士達醬，接著加入浸泡過的葡萄乾。攪拌。保存在3°C。

MÉTHODE DE TRAVAIL 製作程序

用壓麵機將麵團壓至2公釐的厚度，形成80×30公分的長方形。

用擀麵棍將千層麵皮的其中一個長邊擀開。將擀開部分稍微以毛刷蘸水濕潤。為剩餘麵團刷上大量的融化奶油，接著篩上糖粉。

從另一個長邊緊密捲起，捲至濕潤部分密合接口。裁成15塊每塊寬2公分的小段麵捲。切口朝上用壓麵機將麵捲壓至2公釐的厚度，形成橢圓形。

用擠花袋將50克的那不勒斯修頌餡擠在橢圓麵皮下半部中央。

以極少量的水濕潤邊緣，接著將麵皮上半部蓋起並密合邊緣。將修頌翻面。以3°C鬆弛至少12小時。

以175°C的旋風烤箱，或以190°C的層爐烤箱烤約30分鐘。在網架上放涼。篩上糖粉。

蛋塔

FLAN

4個

難度 ●●●○○ - 全部準備時間 ●●●●● - 烘烤時間 **1** 小時 **30** 分鐘

ROGNURES DE FEUILLETAGE

千層麵團碎料	1000克

APPAREIL À FLAN 奶蛋液

牛乳	1200克
脂肪含量35%的液態鮮奶油	1200克
砂糖	470克
玉米澱粉	136克
蛋黃	72克
香草莢	2根

APPAREIL À FLAN 奶蛋液

將香草莢的籽刮下。混合所有材料，在平底深鍋中煮沸1分鐘。趁熱倒入預烤好的千層派皮內。

MÉTHODE DE TRAVAIL 製作程序

用壓麵機將整形後的千層麵團碎料壓至2公釐的厚度。
裁切成6個直徑26公分的圓。
以3°C靜置鬆弛至少1小時，接著鋪在直徑19公分且高4公分的塔圈底部。以3°C靜置鬆弛至少1小時。
底部鋪上烘焙紙，放上烘焙重石(billes de cuisson)。
以150°C的旋風烤箱，或以170°C的層爐烤箱烤約35分鐘。將烘焙重石移除。再度以170°C的旋風烤箱，或以190°C的層爐烤箱烤10分鐘。
放涼。在每個預烤好的千層酥皮內倒入700克的奶蛋液。
以3°C保存12小時。
以180°C的旋風烤箱，或以200°C的層爐烤箱(four à sole)烤約45分鐘。在網架上放涼。

國王餅

GALETTE DES ROIS

3個

難度 ●●●○○ - 全部準備時間 ●●●●● - 烘烤時間45分鐘

FEUILLETAGE 千層麵團

5折的千層麵團	1000克

CRÈME FRANGIPANE 杏仁卡士達醬

杏仁奶油醬*（見266頁）*	720克
卡士達醬*（見267頁）*	180克

Finition 最後修飾

蛋黃	適量
透明糖漿*（見267頁）*	適量

FÈVES 小瓷偶	3個

CRÈME FRANGIPANE 杏仁卡士達醬

用裝有攪拌槳的電動攪拌機，將卡士達醬攪打至軟化，加入杏仁奶油醬攪拌至均勻。保存在3°C。

MÉTHODE DE TRAVAIL 製作程序

用壓麵機將麵團壓至1.5公釐的厚度。
裁切成6個直徑23.5公分的圓。
讓圓形的千層麵皮以3°C靜置鬆弛至少1小時。
用擠花袋在3塊圓形麵皮中央擠上300克的杏仁卡士達醬。
各放上一個小瓷偶。
以毛刷蘸極少量的水濕潤邊緣，接著蓋上第2塊圓形麵皮並密合接口。
以3°C靜置鬆弛至少1小時。將國王餅翻面，接著刷上蛋黃。
用刀在國王餅表面輕輕劃出想要的花紋，接著戳出透氣的小孔洞。以3°C鬆弛至少12小時。以175°C的旋風烤箱，或以190°C的層爐烤箱烤約45分鐘。
為國王餅刷上透明糖漿。
在網架上放涼。

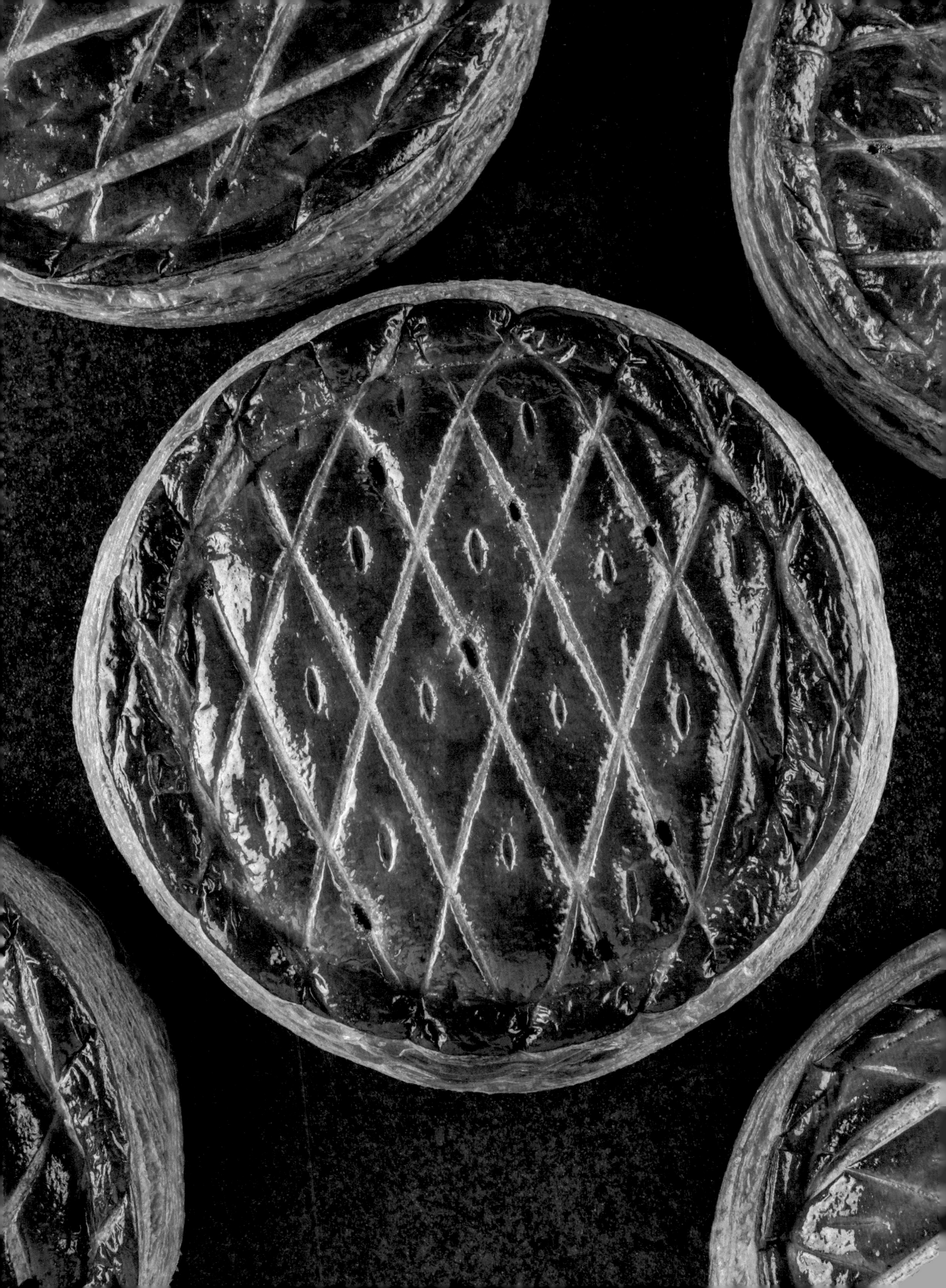

蘋果薄塔

TARTE FINE AUX POMMES

6個

難度 ●●○○○ - 全部準備時間 ●●●●● - 烘烤時間 50分鐘

FEUILLETAGE 千層麵團

5 折的千層麵團	1000克

GARNITURE 配料

蘋果	3800克
融化奶油 1	150克
粗紅糖	210克
融化奶油 2	150克

GARNITURE 配料

用蘋果削皮機(pèle-pomme)為蘋果削皮並切成薄片狀。

MÉTHODE DE TRAVAIL 製作程序

用壓麵機壓至1.5公釐的厚度，接著戳洞。

裁切成6個直徑23.5公分的圓。

將圓形麵皮擺在鋪有烤盤紙的烤盤上，接著以3°C進行鬆弛至少1小時。

在每個麵皮距離外緣2公分內勻稱地擺上450克的蘋果薄片。將蘋果刷上融化奶油1，撒上粗紅糖。以175°C的旋風烤箱，或以190°C的層爐烤箱烤約25分鐘。

將塔從烤箱中取出，為蘋果刷上融化奶油2。再度以175°C的旋風烤箱，或以190°C的層爐烤箱烤約25分鐘。

在網架上放涼。

反烤蘋果塔

TARTE TATIN

6個

難度 ●●●○○ - 全部準備時間 ●●●●● - 烘烤時間 1 小時 + 22 分鐘

FEUILLETAGE 千層麵團

5 折的千層麵團	1000克

CARAMEL 焦糖

砂糖	800克
奶油	320克

POMMES CARAMÉLISÉES 焦糖蘋果

蘋果	5800克
焦糖	1020克

CARAMEL 焦糖

在熱的平底深鍋中製作焦糖。逐量加入糖，加入切成小丁的奶油，不停攪拌。倒在矽膠烤墊上，放涼。用食物調理機打碎焦糖。

POMMES CARAMÉLISÉES 焦糖蘋果

用蘋果削皮機為蘋果削皮並切成片。將680克的蘋果片勻稱地擺在直徑22公分的矽膠模中。
為每個模型鋪上170克以食物調理機打碎的焦糖。以160°C的旋風烤箱，或以180°C的層爐烤箱烤約1小時。
靜置10分鐘後按壓蘋果，倒出多餘汁液。
放涼後再按壓一次倒出多餘汁液。
連同模型保存在3°C或冷凍。

MÉTHODE DE TRAVAIL 製作程序

用壓麵機將麵團壓至1.5公釐的厚度，接著戳洞。
裁切成6個直徑23.5公分的圓。
將圓形麵皮夾在2個鋪有烤盤紙的烤盤中間。
讓圓形的千層麵皮以3°C靜置鬆弛至少1小時。以175°C的旋風烤箱，或以190°C的層爐烤箱烤約22分鐘。
將烤好的千層派皮底部邊緣裁至直徑22公分。為焦糖蘋果脫模，接著擺在千層派皮上。

● ● ●
● R E
C E T
T E S

D E

B

A & E

基礎配方

液種

LEVAIN LIQUIDE

難度 ●●●●○ - 全部準備時間 ●●●●●

LEVAIN CHEF 起種

T170 黑麥麵粉（Farine de seigle T170）	**500**克
30°C的水	**650**克
蜂蜜	**10**克

1er RAFRAÎCHI 第 1 次餵養

起種	**500**克
T65 麵粉	**500**克
30°C的水	**500**克

2er RAFRAÎCHI 第 2 次餵養

第 1 次餵養的酵種	**500**克
T65 麵粉	**500**克
30°C的水	**500**克

3er RAFRAÎCHI 第 3 次餵養

第 2 次餵養的酵種	**500**克
T65 麵粉	**500**克
30°C的水	**500**克

LEVAIN TOUT POINT 完成種

第 3 次餵養的酵種	**500**克
T65 麵粉	**3000**克
30°C的水	**3000**克

LEVAIN CHEF 起種 混合所有材料。
在 30°C靜置發酵 24 至 48 小時。

1er RAFRAÎCHI 第 1 次餵養 混合所有材料。
在 30°C靜置發酵約 12 小時。

2er RAFRAÎCHI 第 2 次餵養 混合所有材料。
在 25°C靜置發酵約 12 小時。

3er RAFRAÎCHI 第 3 次餵養 混合所有材料。
在 25°C靜置發酵約 12 小時。

LEVAIN TOUT POINT 完成種 混合所有材料。
在 25°C靜置發酵約 3 小時，接著在 8°C靜置發酵約 12 小時。

完成種接下來的餵養也以同樣方式進行（1000克的酵種 + 3 000克的麵粉 + 3 000克的水）。

硬種
LEVAIN DUR

難度 ●●●●○ - 全部準備時間 ●●●●●

LEVAIN CHEF 起種

T170 黑麥麵粉（Farine de seigle T170）	500克
30°C的水	650克
蜂蜜	10克

1er RAFRAÎCHI 第1次餵養

起種	550克
T65 麵粉	500克
30°C的水	75克

2er RAFRAÎCHI 第2次餵養

第1次餵養的酵種	500克
T65 麵粉	500克
30°C的水	250克

3er RAFRAÎCHI 第3次餵養

第2次餵養的酵種	500克
T65 麵粉	500克
30°C的水	250克

LEVAIN TOUT POINT 完成種

第3次餵養的酵種	500克
T65 麵粉	1000克
30°C的水	500克

LEVAIN CHEF 起種 混合所有材料。
在30°C靜置發酵24至48小時。

1er RAFRAÎCHI 第1次餵養 混合所有材料。
在30°C靜置發酵約12小時。

2er RAFRAÎCHI 第2次餵養 混合所有材料。
在25°C靜置發酵約12小時。

3er RAFRAÎCHI 第3次餵養 混合所有材料。
在25°C靜置發酵約12小時。

LEVAIN TOUT POINT 完成種 混合所有材料。
在25°C靜置發酵1至2小時，接著在3°C靜置發酵約12小時。

此階段的酵種已可使用，但酸味不夠。需要時間才能發展出特色，並趨於穩定。在這之後的酵種才能保存且可永久使用。
完成種接下來的餵養請以同樣方式進行（1000克的酵母＋2000克的麵粉＋1000克的水）。
若酵種失去酸味，建議可用T80石磨小麥粉進行餵養。

巧克力棒
BARRE CHOCOLATÉE

難度 ●○○○○ - 全部準備時間 ●○○○○

INGRÉDIENTS DE LA PRÉPARATION 準備材料

可可脂含量35%的覆蓋牛奶巧克力（Chocolat au lait de couverture）	700克
杏仁帕林內（Praliné amande）	700克
烘烤過的碎杏仁	350克

將牛奶巧克力加熱至融化。加入杏仁帕林內和碎杏仁，接著攪拌。
方框模預先擺在鋪有烤盤紙或矽膠烤墊的鋁製烤盤上，將備料倒入40×30公分的不鏽鋼方框模內。以3°C保存至少1小時。依製作的產品將方框模脫模並進行裁切。
以3°C保存至使用的時刻。

杏仁奶油醬
CRÈME D'AMANDE

難度 ●○○○○ - 全部準備時間 ●○○○○

INGRÉDIENTS DE LA PRÉPARATION 準備材料

杏仁粉	250克
砂糖	250克
膏狀奶油	250克
蛋	225克
蘭姆酒（可省略）	25克

在裝有攪拌槳的電動攪拌機中，混合杏仁粉、砂糖和奶油。逐量加入液體，將麵糊攪拌至膨脹。
保存在3°C。

卡士達醬（糕點奶餡）
CRÈME PÂTISSIÈRE

難度 ●○○○○ - 全部準備時間 ●○○○○

INGRÉDIENTS DE LA PRÉPARATION 準備材料	
牛乳	1000克
蛋	200克
砂糖	200克
卡士達粉	90克
香草莢	1根（可省略）

在平底深鍋中加熱牛乳（可加入香草籽）。將蛋和糖攪拌至泛白，接著加入卡士達粉。混合上述2份備料，煮沸1分鐘。以冷卻降溫機冷卻。保存在3°C。

透明糖漿
SIROP NEUTRE

難度 ●○○○○ - 全部準備時間 ●○○○○

INGRÉDIENTS DE LA PRÉPARATION 準備材料	
水	1000克
砂糖	1000克

在平底深鍋中將水和糖煮沸。保存在3°C。

維也納發酵麵團

PÂTE FERMENTÉE VIENNOISE

難度 ●●○○○ - 全部準備時間 ●●○○○

INGRÉDIENTS DU PÉTRISSAGE 攪拌材料	
T55 麵粉	1000克
水	275克
牛乳	275克
鹽	18克
砂糖	100克
酵母	30克
奶油	150克

	MÉTHODE DE TRAVAIL 製作程序
Température de base 室溫+粉溫	48°C至52°C
Incorporation 加入原料	將所有攪拌材料放入電動攪拌機的攪拌缸中。
Frasage 初步混合	速度1，約3分鐘。
Pétrissage 攪拌	速度2，約8分鐘。
Consistance 質地	軟硬適中的麵團。
Température 溫度	麵團溫度為23°C。
Pointage 基本發酵	約45分鐘，接著以3°C靜置12小時。

泡芙麵糊
PÂTE À CHOUX

難度 ●●○○○ - 全部準備時間 ●●○○○

INGRÉDIENTS DE LA PRÉPARATION 準備材料

水	250克	奶油	100克
鹽	4克	T55麵粉	150克
砂糖	8克	蛋	225克

將水、鹽、糖和奶油煮沸。加入麵粉，接著以大火一邊加熱，一邊用刮刀攪拌，至麵糊水分蒸發，鍋底出現薄膜狀。在裝有攪拌槳的電動攪拌機中，逐量混入蛋液，調節麵糊軟硬度，至泡芙麵糊呈現平滑且具光澤的狀態。

千層布里歐麵團
PÂTE POUR BRIOCHE FEUILLETÉE

難度 ●●○○○ - 全部準備時間 ●●○○○

INGRÉDIENTS DU PÉTRISSAGE 攪拌材料

T55麵粉	1000克
蛋	420克
牛乳	100克
鹽	18克
砂糖	40克
酵母	30克
奶油	250克

FIN DE PÉTRISSAGE 攪拌的最後

砂糖	80克
維也納發酵麵團 *(見268頁)*	300克

Température de base 室溫+粉溫	50°C至54°C。
Incorporation 加入原料	將所有攪拌材料放入電動攪拌機的攪拌缸中。
Frasage 初步混合	速度1，約7分鐘。
Incorporation 加入原料	加入砂糖和發酵麵團。
Pétrissage 攪拌	速度1，約7分鐘，接著以速度2攪拌1分鐘。
Consistance 質地	軟硬適中的麵團。
Température 溫度	麵團溫度為23°C。
Pointage 基本發酵	約40分鐘，接著以1°C靜置12小時。

ANNEXES

附錄

專業詞彙表

LES TERMES PROFESSIONNELS SPÉCIFIQUES

ABAISSE DE PÂTE 擀薄麵團
用擀麵棍擀至預期厚度的麵皮。

APPRÊT 最後發酵
介於整形和烘烤之間的發酵階段。

BASSINER 後加水
在攪拌的最後加入液體的動作。

COUP DE LAME 劃切割紋
在麵團表面細刻，形成裝飾花紋。

DÉGAZER 排氣
輕輕將麵團壓扁，以排去因發酵而產生氣體的動作。

DÉTAILLER 裁切
用壓模或刀切割麵皮。

DÉTENTE 鬆弛
初步整形和整形之間的麵團靜置時期。

DIPLÔMES ET FORMATIONS 文憑與培訓
BEP：職業研習證書。
BM：技職師傅證書。
BP：職業證書。
CAP：職業能力證書。
INBP：位於盧昂（Rouen）的法國烘焙學院。
MOF：法國最佳工藝師。

DORER 刷上蛋液
烘烤前為各種麵團或維也納麵包刷上薄薄一層蛋液，以利烘烤上色。

DRESSER 擠花袋鋪料
用擠花袋擠入麵糊。

ÉLASTICITÉ 彈性
麵團在變形後回到原本形狀的能力。

ENCHÂSSER 混入奶油
折疊前，將折疊用奶油混入基本揉和麵團。

EXTENSIBILITÉ 延展性
麵團拉伸的能力。

FAÇONNER 整形
將麵團揉成最終形狀。

FLEURER 撒麵粉
在麵團周圍或表面撒上薄薄麵粉，以免沾黏。

FOISONNER 攪拌至膨脹
用力攪拌備料，讓體積增加。

FRASAGE 初步混合麵團
這是攪拌的第一階段，目的是形成均勻的混合物。

GLACER 鋪上鏡面
在食材表面鋪上混合物（巧克力鏡面、糖霜…）。

HYDRATATION 水合
調和時在麵粉中混入一定的水量。

INCRUSTER 鑲嵌
將鑲嵌食材輕輕插入維也納麵包的表面。

LAMAGE 劃切割紋
在麵團上切割花紋的動作。

MISE EN FORME 初步整形
讓麵團形成規則形狀以利後續整形。

PÂTE BÂTARDE 軟硬適中的麵團
質地摸起來不硬也不軟的麵團。

PÂTE FERME 硬麵團
質地摸起來較硬的麵團。

PÂTE SOUPLE 柔軟的麵團
質地摸起來較軟的麵團。

PÂTON 麵團
秤重後取得的整塊麵團。

PESER 秤重
基本發酵後進行的動作，用來將麵團分割秤至想要的重量。

PÉTRISSAGE 攪拌
介於初步混合麵團和基本發酵之間的機械動作，以形成良好的麵團。

PIQUER 戳洞
用派皮滾輪針在擀好的麵皮上戳出小孔洞，以免烘烤時過度膨脹。

POINTAGE 基本發酵
第一個發酵階段，從攪拌結束後開始，在麵團開始秤重之前結束。

RABATTRE 翻麵
將麵團折疊，賦予彈性的動作。

RAFRAÎCHIR 餵養
將水和麵粉加入酵種。

RESSUAGE 冷卻散熱
烘烤後讓成品冷卻的階段。

SERRER 收攏
整形時按壓或滾動麵團的動作，目的是讓麵團增加韌性。

SOUDER 密合
整形時將麵團接口閉合的動作。

TÉNACITÉ 韌性
麵團抵抗變形的能力。

TOURAGE 折疊
用於製作維也納酥皮類麵包的程序，將麵皮和奶油層層折疊。

ZESTER 削皮（柑橘類水果）
取下柑橘類水果有色的薄皮，以提取香氣。

專業食材

LES INGRÉDIENTS SPÉCIFIQUES

AMIDON DE MAÏS 玉米澱粉
加熱後用來為果泥或醬增稠的粉。

BEURRE POMMADE 膏狀奶油
用刮刀攪拌至形成膏狀的軟化冰涼奶油。

CARDAMOME 小豆蔻
原產自東南亞，這種芳香植物內含的籽在磨粉後，會形成接近佛手柑氣味的清爽胡椒香。

FEUILLETINE 酥脆薄片
Gavottes® 品牌的法式薄餅碎。

GÉLATINE 吉利丁
以片狀或粉狀形式呈現的無味動物膠。

GIANDUJA 占度亞榛果巧克力
巧克力、烘焙榛果和糖，磨至膏狀的成品。

GLUCOSE 葡萄糖
具抗結晶性質的糖，外觀為無色濃稠的糖漿。可在專賣店或網路上找到。

GLUTEN 麩質
小麥穀粒的成分之一。遇水時，會形成彈性的網絡，阻止氣體散逸。麩質是一種蛋白質。

LEVAIN 酵種
水和麵粉的混合物自然發酵而成。

LEVURE 酵母
引發麵團發酵的麵包材料。

NAPPAGE NEUTRE 無味透明鏡面果膠
亦被稱為中性鏡面，是以糖、水和葡萄糖漿為基底的製品，用來刷塗在糕點上，為糕點賦予光澤和穩定度。

PECTINE JAUNE 黃色果膠
不可逆的凝固劑，最常用於水果軟糖。

PECTINE NH NH果膠
熱可逆的凝固劑，最常用於庫利（couli）或果凝（gelée）。

PECTINE 325NH95 果膠
不可逆的凝固劑，最常用於果醬和餡料。

POUDRE À CRÈME 卡士達粉
以澱粉為基底，作用為增稠，最常用於布丁或蛋塔的製作。可在專賣店或網路上找到。可用玉米澱粉或麵粉來代替。

PURÉE DE FRUITS 果泥
單純壓碎或用食物調理機攪打形成的水果泥。可自行用新鮮水果製成果泥，或是在專賣店或網路上購買。

SIROP NEUTRE 透明糖漿
糖和水的濃縮溶液，可以加熱或不加熱的方式製作。

SUCRE INVERTI 轉化糖
外觀為白色糊狀的糖。可增加柔軟度並延長保存時間，可用金合歡花蜜代替。

專業器具

LE MATÉRIEL SPÉCIFIQUE

書中使用的模型與壓模都可在 MATFER BOURGEAT 尋得。
www.matferbourgeat.com

BATTEUR 電動攪拌機
麵包烘焙設備，用來攪拌麵團並製作多種糕點。

EMPORTE-PIÈCE 壓模
圓口或星形的金屬或塑膠器具，有不同的形狀和形式，用於「emporter 挖空」，即裁切麵皮或修整。

FOUET 打蛋器
可將蛋白打發成泡沫狀，以及攪打、混合蛋糕麵糊或醬汁，並進行乳化的器具。

FOUR À SOLE 層爐烤箱
用來烘烤麵包和維也納酥皮類麵包的烤爐，透過傳導和輻射進行傳熱。

FOUR VENTILÉ 旋風烤箱
主要用來烘烤維也納酥皮類麵包的烤箱，透過對流進行傳熱。

LAMINOIR 壓麵機
用來將麵團擀薄的機械設備，常用於發酵的千層麵團。

MANDOLINE 蔬果切片器
用來將食物切成規則薄片的器具。

MOULE À KOUGLOF 咕咕霍夫模
中空的星形高邊模，傳統上會以陶土製造。

MOULE SILICONÉ 矽膠模
有不同形狀的軟模型，其中以 Flexipan® 品牌最為出名，好處是容易脫模。

PAPIER CUISSON 烤盤紙
有薄薄二氧化矽塗層的紙，耐高溫，可避免沾黏。

PAPIER GUITARE 巧克力造型專用紙
透明的聚乙烯紙，適合接觸食物。

PÉTRIN 揉麵機
用來攪拌麵團的機械烘焙器材。

PIQUE-VITE 派皮滾輪
多刺的烘焙器材，用來在擀薄的麵皮上戳洞，以免麵皮過度膨脹。

PLAQUE DE CUISSON 烤盤
用來烘烤食材的金屬盤。

PLAQUE VIENNOISE 維也納麵包烤盤
平整或有細小孔洞的波形烤盤，用來烘烤需要塑形的長棍或維也納麵包。

POCHE À DOUILLE 裝有花嘴的擠花袋
尖端裝上花嘴，圓錐形的不透水軟袋。

ROULEAU 擀麵棍
圓柱形用具，有時末端會裝有把手，用來擀麵皮。

TAPIS SILICONÉ 矽膠烤墊
用於烘烤或冷凍的矽膠墊。可在專賣店或網路上找到。

INDEX DES RECETTES PAR ORDRE ALPHABÉTIQUE
依字母順序排列的配方索引

POUR COMPLÉTER
補充

可在《Grand Livre de la boulangerie》（Ducasse，2017 年）中找到其他經典的維也納麵包：

Battu picard
Beignet
Brioche couronne
Brioche feuilletée citron
Brioche royale
Concha
Cramique
Donut
Gâche
Galette aux pralines
Gaufre liégeoise
Kouglof
Kouign-amann
Melon pan
Mouna
Pain des morts
Pain viennois
Panettone
Pogne de Romans
Pompe à l'huile
Roi de Bordeaux
Saint Genix
Stollen
Tarte au sucre
Tresse au beurre
Tresse russe

INDEX DES RECETTES PAR AUTEUR
依作者分類的配方索引

傑若米．巴斯戴
JÉRÉMY BALLESTER

尚馬希．拉尼奧
JEAN-MARIE LANIO

奧利維耶．瑪涅
OLIVIER MAGNE

湯瑪斯．馬希
THOMAS MARIE

其他
AUTRE

INDEX DES PRODUITS
食材索引

致謝

REMERCIEMENTS

我們非常感謝：
洛桑飯店管理學院（École hôtelière de Lausanne）、Breadstore Swiss 和 SPC 廚藝學院提供器材與原料；

感謝 Jérôme Lanier 和 Kwangsoo Lee 出色的工作；

感謝 Denis Fatet 和 Élisabeth Marie 的仔細校對；

感謝 Tanguy Alaphilippe, Ju Young Bae, Seung Do Baek, Damien Besson, Valentin Bruneau, Bryan Boclet, Laurent Buri, Farid El Mourabit, Emeric Fisset, Benoît Laage, Patrice Mitaillé, Nicolas Moret, Nicolas Philippe, So Young Shin et Nicolas Vaillant, 協助製作產品；

感謝 Nicolas Philippe 協助攝影；

感謝 Alain Ducasse, Aurore Charoy 和 Fanny Morgenstern 高效率的工作和品質，以及對我們的信任；

感謝我們的妻兒：Yunhee 和 Tae Oh Ballester、Min Young 和 Ah In Lanio, Éléonore、Pénélope 和 Victor Marie、Virginie Sango、Robin 和 Julie Magne 每天的支持和不可或缺的存在；

感謝我們的父母和祖父母：Pascal 和 Brigitte Ballester、Patrick 和 Annie Lanio、Jacques 和 Élisabeth Marie、Annie Salat、Antonin 和 Marinette Salat 盡其所能地教育我們，並傳授我們價值觀。

我們也衷心感謝所有的合作夥伴，以及所有致力於製作這本書的朋友們。

系列名稱 / 大師系列
書　名 / 維也納／酥皮類麵包聖經 Le grand livre de la viennoiserie
作　者 / Jérémy Ballester傑若米・巴斯戴 ／ Jean-marie Lanio尚馬希・拉尼奧 ／
Olivier Magne奧利維耶・瑪涅 ／ Thomas Marie湯瑪斯・馬希
攝影 / Jérôme Lanier ／ Kwangsoo Lee
出版者 / 大境文化事業有限公司
發行人 / 趙天德
總編輯 / 車東蔚
文　編 / 編輯部
美　編 / R.C. Work Shop
翻　譯 / 林惠敏
地址 / 台北市雨聲街77號1樓
TEL / (02)2838-7996
FAX / (02)2836-0028
初版/ 2021年12月
定　價 / 新台幣1400元
ISBN / 9789860636932
書　號 / Master 21

讀者專線 / (02)2836-0069
www.ecook.com.tw
E-mail / service@ecook.com.tw
劃撥帳號 / 19260956大境文化事業有限公司

國家圖書館出版品預行編目資料
維也納／酥皮類麵包聖經 Le grand livre de la viennoiserie
Jérémy ballester傑若米・巴斯戴／Jean-marie lanio尚馬希・拉尼奧／
Olivier magne奧利維耶・瑪涅／Thomas marie湯瑪斯・馬希 著：--初版.--臺北市
大境文化，2021　280面；21.8×29.6公分.
(MASTER；M 21)
ISBN 9789860636932（精裝）
1.麵包　2.點心食譜
427.16　　110019122